国家出版基金项目

『十三五』国家重点图书

旗袍艺术

——多维文化视域下的近代旗袍及面料研究

下篇

传世实物及历史文献
中的旗袍图像研究

龚建培 ◎ 著

中国纺织出版社有限公司

·北京·

内 容 提 要

本书从传世旗袍的实物图像、传世旗袍的面料图像，以及月份牌中的旗袍面料图像三个方面，借鉴图像学的研究方法，以旗袍的款式图像和面料图像为主线，用具体的案例分析了近代社会典型时尚图像的历时性与共时性的特征，并通过旗袍款式和面料图像的含义辨识，阐释近代旗袍面料图像流行的历史情境，以及这些图像所承载的历史、文化意义。本书中的500余幅精美旗袍及面料图像，不仅是近代旗袍研究的典型案例，也是现代旗袍和面料设计的重要参考资料。

图书在版编目（CIP）数据

旗袍艺术：多维文化视域下的近代旗袍及面料研究.
下篇. 传世实物及历史文献中的旗袍图像研究／龚建培
著. —北京：中国纺织出版社有限公司，2020.4（2024.1重印）
ISBN 978-7-5180-7318-4

Ⅰ.①旗… Ⅱ.①龚… Ⅲ.①旗袍—服饰文化—研究
—中国 Ⅳ.①TS941.717

中国版本图书馆CIP数据核字（2020）第066351号

策划编辑：李春奕 唐小兰 责任编辑：李春奕
特约编辑：籍 博 姜娜琳 责任校对：王花妮 责任印制：王艳丽

中国纺织出版社有限公司出版发行
地址：北京市朝阳区百子湾东里A407号楼 邮政编码：100124
销售电话：010—67004422 传真：010—87155801
http://www.c-textilep.com
中国纺织出版社天猫旗舰店
官方微博http://weibo.com/2119887771
北京雅昌艺术印刷有限公司印刷 各地新华书店经销
2020年4月第1版 2024年1月第2次印刷
开本：889×1194 1/16 印张：32
字数：410千字 定价：428.00元

序

图像是一种文化形态，是视觉的对象物，是与意义连在一起的视觉结构。图像文化是由一种艺术史、社会学、符号学和其他视觉研究的专门术语，发展成为新兴、交叉学科研究的新方法，图像学也已成为现代文化史研究的一个重要分支。

本书并非图像学研究的专著，只是借鉴图像学的一些研究方法，试图在历时性与共时性中揭示近代旗袍及面料图像形成的社会、文化和历史的情景，描述、呈现旗袍及面料图像中"形象文本"的整体符号特征和个案的表达方式，重构近代旗袍发生、发展的历史背景，并透过图像本身来揭示凝结在各类图像背后的"意义"。我们可将每件传世旗袍、旗袍面料、月份牌广告视为独立的图像个体，而从广义图像学的视域上看，近代旗袍及面料图像的发生、发展、确立是一种时尚图像系统嬗变的整体叙事系统。而作为构成旗袍图像重要元素的面料，它是显现旗袍穿着者时尚观念和意识形态特征的重要层面之一。只有款式图像与面料图像的有机关联，才能完整诠释近代旗袍图像的时代话语权、时尚引导方式和消费传播途径发展脉络，以及通过人们的识读而呈现出来的意义符号。

本书首先以传世旗袍实录图像为主要载体，以款式尺寸图像、面料单位纹图像、旗袍局部图像等，较为清晰、完整地重现了旗袍图像在廓型、面料、里料及工艺等方面的特点和变迁，解析了近代旗袍图像视觉层面的自然含义；其次，通过对旗袍面料的解读、复原，试图对旗袍及面料图像的叙事策略、叙事途径、叙事方法进行解构与品读，从题材、寓意、构成及表现方式中，窥见面料图像中被人们有意识赋予的约定俗成的象征性和形式内容中的精神显现。对图像的分析不仅仅是个案"意义"的阐释，更重要的是寻找与其历史语境的"相关性"。因而，本书最后以月份牌以及旗袍面料图像的比较，探讨了在某种虚拟的"社会情境"之中，月份牌画家、旗袍穿着者在面料选择上的价值观念与需求表达，为我们全面地解读旗袍图像背后隐匿的历史、文化价值，提供意识形态与观念行为产生机制的背景。

彼得·伯克（Peter Burke）曾倡导"应当用存留至今的过去'遗迹'观念取代

'史料'观念"。此处所论及的"遗迹"主要指各种不同类型的图像,包括实物、绘画、广告、版画、摄影照片等。这些图像不但可以为我们带来以前也许知道但未曾认真看待和思考的东西,而且可以让我们更加生动地"想象"历史,可以让我们更加深入地直面近代社会背景。本书对传世旗袍及面料图像的探讨,正是希望通过被称为人类精神见证的图像,去感知近代的日常生活和普通民众生活,去解读近代服饰时尚表象背后的"符号性"价值世界。

龚建培

2019 年 10 月

南京艺术学院设计学院教授

第一章 概说 / 001

第一节 图像学方法及视觉文化理论下的旗袍图像研究 / 002

一、图像学现已成为文化史研究的一个重要分支 / 002

二、近代旗袍及面料研究中图像学方法的探索 / 004

第二节 历史中的图像与图像中的历史 / 006

一、历史中的图像 / 006

二、图像中的历史 / 011

第二章 近代传世旗袍图像实录 / 017

第一节 20世纪20年代旗袍图像实录 / 018

一、绿地大洋花提花倒大袖夹旗袍 / 018

二、棕红地大洋花提花倒大袖衬毡夹旗袍 / 020

三、天青地云水纹提花绉中袖衬毡夹旗袍 / 022

四、豆沙色地矩形条纹提花长袖夹旗袍 / 024

第二节 20世纪30年代旗袍图像实录 / 026

一、士林蓝棉布长袖旗袍 / 026

二、大红地寿字皮球花提花长袖夹旗袍 / 028

三、宝蓝地几何纹提花中袖衬毡夹旗袍 / 030

四、藕红地小折枝提花中袖夹旗袍 / 032

五、雪青地皮球花提花中袖夹旗袍 / 034

六、绿灰蕾丝短袖旗袍 / 036

七、褐黄地几何纹提花绉短袖夹旗袍 / 038

八、淡绿地缎面玫瑰葡萄纹刺绣短袖夹旗袍 / 040

九、暗黄地几何纹提花缎短袖夹旗袍 / 042

十、深褐地几何纹提花镶边短袖夹旗袍 / 044

十一、香云纱短袖旗袍 / 046

十二、浅紫地双面提花织锦缎无袖夹旗袍 / 048

十三、黑地漆印花无袖夹旗袍 / 050

十四、黑地蝴蝶花卉纹化纤提花无袖夹旗袍 / 052

十五、灰色地蒲公英纹印花长袖夹旗袍 / 054

十六、本色地几何纹提花纱无袖单旗袍 / 056

第三节　20世纪40年代旗袍图像实录 / 058

一、粉红地提花织锦缎长袖衬毡夹旗袍 / 058

二、粉地牡丹菊花纹织锦缎镶边长袖旗袍 / 060

三、金地菊花提花缎长袖衬呢夹旗袍 / 062

四、紫红地龙纹提花缎长袖衬毡夹旗袍 / 064

五、藕灰地花叶纹提花缎长袖旗袍 / 066

六、玫红地孔雀茶花纹织锦缎长袖夹旗袍 / 068

七、湖蓝地卷叶纹提花缎长袖夹旗袍 / 070

八、粉色地茶花纹提花缎长袖夹旗袍 / 072

九、紫地方格纹提花缎长袖夹旗袍 / 074

十、红地提花缎加印花长袖衬毡夹旗袍 / 076

十一、紫红地重瓣团花纹提花绸长袖旗袍 / 078

十二、玫红地连缀卷草纹提花缎长袖衬毡夹旗袍 / 080

十三、翠绿地平纹呢长袖夹旗袍 / 082

十四、黑地朵花纹压花绒中袖旗袍 / 084

十五、黑地几何纹压花丝绒长袖夹旗袍 / 086

十六、黑地玫瑰纹天鹅绒印花长袖旗袍 / 088

十七、玫红地金鱼纹贴布绣毛呢长袖夹旗袍 / 090

十八、果绿地卷草方格纹印花绸长袖夹旗袍 / 092

十九、黑地花卉纹缎纹绸印花长袖夹旗袍 / 094

二十、黑地几何纹印花缎长袖旗袍 / 096

二十一、紫地玫瑰纹印花缎长袖夹旗袍 / 098

二十二、蓝地月季花纹印花缎长袖夹旗袍 / 100

二十三、黑地花卉纹印花缎长袖旗袍 / 102

二十四、黑地叶纹印花绸长袖衬毡夹旗袍 / 104

二十五、黑地虞美人纹印花绉长袖衬毡夹旗袍 / 106

二十六、黑地折枝花卉纹印花缎长袖旗袍 / 108

二十七、黄绿地折枝花卉纹印花斜纹绸长袖旗袍 / 110

二十八、蓝地贝壳纹印花绸长袖旗袍 / 112

二十九、深褐地花卉纹印花绸长袖旗袍 / 114

三十、玫红地牡丹纹印花绸长袖旗袍 / 116

三十一、玫红地朵花纹印花绸长袖夹旗袍 / 118

三十二、灰绿地花卉纹印花绸长袖旗袍 / 120

三十三、玫红地菊花纹织锦缎长袖衬毡夹旗袍 / 122

三十四、紫地彩条土布长袖旗袍 / 124

三十五、粉红地菊花纹立圆领印花绸克夫袖旗袍 / 126

三十六、粉绿地花卉八宝暗纹提花绸镶花边短袖旗袍 / 128

三十七、水蓝地柳条纹提花短袖夹旗袍 / 130

三十八、灰色花呢短袖夹旗袍 / 132

三十九、藕红地花卉纹镶边蕾丝无袖旗袍 / 134

四十、粉色地竖条花卉纹提花绉无袖旗袍 / 136

四十一、粉红地几何纹提花绉无袖单旗袍 / 138

四十二、黄灰地花卉几何纹印花棉布短袖单旗袍 / 140

四十三、深红地花卉暗纹绉短袖旗袍 / 142

四十四、橘黄地圆环纹印花纱无袖单旗袍 / 144

四十五、藕灰地装饰风俗纹印花绸短袖单旗袍 / 146

四十六、黑地花卉纹印花绉双襟无袖夹旗袍 / 148

四十七、紫红地彩条提花缎长袖夹旗袍 / 150

四十八、墨绿地印花绸长袖夹旗袍 / 152

第三章　近代传世旗袍面料图像复原 / 155

第一节　20世纪20年代旗袍面料图像复原 / 156

一、淡紫地提花缎短袖旗袍 / 156

二、淡紫地提花缎丝绵儿童长袖旗袍 / 158

三、灰地花卉纹马甲旗袍 / 160

四、淡褐地朵花纹印花绸中袖旗袍 / 162

　　五、蓝地花卉纹印花罗夹旗袍 / 164

　　六、绿地花卉纹提花镶花边倒大袖夹旗袍 / 166

第二节　20世纪30年代旗袍面料图像复原 / 168

　　一、暗红地暗八仙纹长袖旗袍 / 168

　　二、暗紫色提花加绣花长袖旗袍 / 170

　　三、洋红地云水纹提花长袖旗袍 / 172

　　四、粉地花卉纹提花缎无领长袖旗袍 / 174

　　五、粉红地水波纹提花绸短袖旗袍 / 176

　　六、黑地小团花提花长袖旗袍 / 178

　　七、黑地抽象花卉纹印花绸短袖旗袍 / 180

　　八、黑地花卉纹丝绒烂花短袖旗袍 / 182

　　九、灰地金色连缀花卉纹提花长袖旗袍 / 184

　　十、黑地雏菊纹丝绸印花无袖旗袍 / 186

　　十一、黑地绿色方格纹丝绸印花短袖旗袍 / 188

　　十二、黑地散点朵花纹丝绸印花短袖旗袍 / 190

　　十三、黑地五色花卉纹织锦缎裘皮长袖旗袍 / 192

　　十四、黑地几何纹丝绸印花裘皮长袖旗袍 / 194

　　十五、红地拔染印花无袖旗袍 / 196

　　十六、红地花卉纹蕾丝无袖旗袍 / 198

　　十七、黄地几何团花纹提花短袖旗袍 / 200

　　十八、黄灰地花卉纹丝绸印花短袖旗袍 / 202

　　十九、黄灰地折枝花卉纹印花绸短袖旗袍 / 204

　　二十、黄绿地花卉纹丝绒压花长袖旗袍 / 206

　　二十一、灰蓝地花卉纹丝绸提花长袖旗袍 / 208

　　二十二、金地蓝花烂花绒短袖旗袍 / 210

　　二十三、蓝紫地花叶纹提花绒短袖旗袍 / 212

　　二十四、绿地提花绉短袖旗袍 / 214

　　二十五、绿地花叶纹提花缎短袖旗袍 / 216

　　二十六、玫红地花卉纹丝绸印花中袖旗袍 / 218

　　二十七、米灰地花卉纹丝绸印花短袖旗袍 / 220

　　二十八、藕色地印花绉长袖旗袍 / 222

二十九、青色花卉纹蕾丝短袖旗袍 / 224

三十、青色条纹地新式皮球花织锦缎裹皮长袖旗袍 / 226

三十一、米灰地折枝花卉纹提花缎长袖旗袍 / 228

三十二、水绿地簇花玫瑰纹丝绸印花短袖旗袍 / 230

三十三、水绿地花卉纹印花绸中袖裹皮旗袍 / 232

三十四、织金地彩色珠片镶边中袖旗袍 / 234

三十五、淡黄地和式花卉纹印花绸短袖旗袍 / 236

三十六、白地叶纹型版手绘双绉短袖旗袍 / 238

三十七、褐色烂花绸短袖夹旗袍 / 240

三十八、黑地花卉纹印花绸长袖旗袍 / 242

三十九、几何格纹提花镶边长袖旗袍 / 244

四十、咖啡色花卉纹提花绸儿童旗袍 / 246

四十一、浅红地云纹绸儿童旗袍 / 248

四十二、天蓝色朵花纹提花绉长袖夹旗袍 / 250

四十三、黑地茶花纹提花缎中袖旗袍 / 252

四十四、黑地百花纹织锦缎长袖旗袍 / 254

第三节　20世纪40年代旗袍面料图像复原 / 256

一、洋红地几何纹丝绸印花短袖旗袍 / 256

二、暗黄地几何团花纹提花长袖旗袍 / 258

三、米白地花卉纹印花纱无袖旗袍 / 260

四、淡紫地唐草纹提花缎长袖旗袍 / 262

五、粉绿地茶花纹提花绸长袖旗袍 / 264

六、格形地菊花纹丝绸印花短袖旗袍 / 266

七、黑地花卉纹织锦缎长袖裹皮旗袍 / 268

八、黑地几何纹棉布印花长袖旗袍 / 270

九、黑地百合花纹丝绸印花长袖旗袍 / 272

十、黑地花卉纹印花无袖旗袍 / 274

十一、黑地金线蕾丝无袖旗袍 / 276

十二、黑地牡丹纹提花绒无袖旗袍 / 278

十三、红色地几何纹印花长袖旗袍 / 280

十四、褐色地印花绸中袖旗袍 / 282

十五、绿地椰树动物纹丝绸印花短袖旗袍 / 284

十六、绿灰地花卉纹提花缎长袖夹旗袍 / 286

十七、米灰地菊花纹印花绸长袖旗袍 / 288

十八、青灰地方格纹段染绣短袖旗袍 / 290

十九、湘蓝地花卉纹印花长袖旗袍 / 292

二十、叶形纹样毛质提花长袖旗袍 / 294

二十一、月白地花卉纹织锦缎长袖旗袍 / 296

二十二、紫地花卉几何纹提花长袖旗袍 / 298

二十三、紫红地牡丹纹软缎长袖旗袍 / 300

二十四、紫红色斜纹地花卉纹印花长袖旗袍 / 302

二十五、紫灰地提花绸一字襟无袖旗袍 / 304

二十六、褐地黄花印花绸儿童旗袍 / 306

二十七、黑地印花缎夹旗袍 / 308

二十八、湖蓝地印花绉长袖旗袍 / 310

二十九、灰地菊花纹短袖旗袍 / 312

三十、灰地印花灯芯绒夹旗袍 / 314

三十一、蓝灰地花卉纹长袖裘皮旗袍 / 316

三十二、深蓝地印花绸无袖单旗袍 / 318

三十三、淡紫灰地花卉纹提花短袖单旗袍 / 320

三十四、黑地花卉蝴蝶纹提花短袖单旗袍 / 322

三十五、黑地织锦缎长袖夹旗袍 / 324

三十六、黄灰地叶纹提花缎无袖单旗袍 / 326

三十七、灰地花卉纹提花缎无袖旗袍 / 328

三十八、灰地牡丹纹提花长袖旗袍 / 330

三十九、咖啡地雏菊纹提花无袖单旗袍 / 332

四十、咖啡地花卉纹提花短袖单旗袍 / 334

四十一、深灰地花卉纹提花双襟长袖旗袍 / 336

四十二、深蓝色缎地提花长袖旗袍 / 338

四十三、曙光绉短袖旗袍 / 340

四十四、水青地菊花纹提花绸长袖棉旗袍 / 342

四十五、洋红地菊花纹提花中袖夹旗袍 / 344

第四章　月份牌中的旗袍面料图像复原 / 347

　　第一节　20世纪30年代月份牌中的旗袍面料图像复原 / 348

　　　　一、白玉霜香皂广告 / 348

　　　　二、昌光玻璃公司广告 / 350

　　　　三、弹曼陀林的广告 / 352

　　　　四、地铃皮鞋广告 / 354

　　　　五、东亚公司广告 / 356

　　　　六、冯强厂胶鞋广告 / 358

　　　　七、奉天太阳公司广告 / 360

　　　　八、哈德门牌广告 / 362

　　　　九、红锡包牌广告 / 364

　　　　十、勒吐精代乳粉广告 / 366

　　　　十一、泷定贸易部广告 / 368

　　　　十二、耐革擦鞋油广告 / 370

　　　　十三、启东公司广告 / 372

　　　　十四、制粉会社广告 / 374

　　　　十五、山西省立晋华厂广告 / 376

　　　　十六、双美人牌香粉广告 / 378

　　　　十七、香港广生行化妆品广告 / 380

　　　　十八、香港广生行化妆品广告 / 382

　　　　十九、英商启东股份有限公司广告 / 384

　　　　二十、正泰橡胶植物厂广告 / 386

　　　　二十一、中国南洋兄弟有限公司广告 / 388

　　　　二十二、中国南洋兄弟有限公司广告 / 390

　　　　二十三、中国新民公司广告 / 392

　　　　二十四、冠生园食品有限公司广告 / 394

　　　　二十五、丽华公司广告 / 396

　　　　二十六、哈德门牌广告 / 398

　　　　二十七、哈德门牌广告 / 400

　　　　二十八、启东公司广告 / 402

　　　　二十九、秋水伊人广告 / 404

三十、人头牌保安刀片广告 / 406

三十一、薛仁贵牌广告 / 408

三十二、长冈驱蚊剂广告 / 410

三十三、先施公司广告 / 412

三十四、上海合家电器公司明珠牌电池广告 / 414

第二节　20世纪40年代的旗袍面料图像复原 / 416

一、柏内洋行广告 / 416

二、帆船牌广告 / 418

三、奉天太阳公司广告 / 420

四、抚儿私语图广告 / 422

五、抚婴图广告 / 424

六、哈德门牌广告 / 426

七、侯友郊游图广告 / 428

八、华成公司广告 / 430

九、金鼠牌广告 / 432

一、老刀牌广告 / 434

一一、龙角散广告 / 436

十二、东亚株式会社广告 / 438

十三、东亚株式会社广告 / 440

十四、蒙疆美华乳制品厂广告 / 442

十五、明星香皂广告 / 444

十六、南洋兄弟公司广告 / 446

十七、琵琶少女图广告 / 448

十八、品酒佳丽图广告 / 450

十九、启东公司广告 / 452

二十、情绕藤阴图广告 / 454

二十一、山茶仕女图广告 / 456

二十二、上海汇明电筒电池制造厂广告 / 458

二十三、斜倚翘盼图广告 / 460

二十四、幸福家庭图广告 / 462

二十五、徐盛记广告 / 464

二十六、益记广告 / 466

二十七、永保纯洁广告 / 468

二十八、鱼肝油广告 / 470

二十九、整容伴侣膏广告 / 472

三十、中国中和公司广告 / 474

三十一、哈巴狗美人图广告 / 476

三十二、美女四秀屏广告之一 / 478

三十三、蒙疆裕丰恒商行广告 / 480

三十四、南洋兄弟公司广告 / 482

三十五、日萃香皂广告 / 484

三十六、哈德门牌广告 / 486

三十七、五洲固本肥皂广告 / 488

参考文献 / 491
后记 / 493

第一章

概说

图像学现已成为文化史研究的一个重要分支。图像学研究不仅可以揭示艺术作品题材或某种艺术现象的文化、社会和历史的背景，还可以解释为什么一种艺术现象在一个特定的地点和时间选择某一种特定的主题、形式，并且用一种特定的方式加以表现。旗袍作为中国近代时尚史上的一种特殊艺术现象，社会发展的众多因素是如何被反映在其发生和变迁之中？它在中国服装史上具有怎样的历史、文化价值？这些问题我们都可以在图像学和视觉理论的研究、探索中找到相关的答案。

第一节

图像学方法及视觉文化理论下的旗袍图像研究

现代意义图像学的确立，标志着图像学脱离了辅助地位，成了文化史和艺术史研究的一个重要分支，此研究方法不仅可以用来揭示视觉艺术中主题、题材的文化内蕴，以及社会、历史的背景，还可以解释为什么一个艺术家或设计师在特定的地点和时间选择某一种特定的主题，并且用一种特定的方式加以表现。图像学的研究较为关注的是艺术家、设计师可能没有意识到，然而实际上已产生的社会、历史价值。图像学研究还可以在"考据学"的基础上，真实阐述人类生活史的客观过程；并依据"史论学"的使命，深入探讨、研究人类生活的特征及发展规律，探究社会发展是如何被反映在视觉艺术与相关物态形式之中。

一、图像学现已成为文化史研究的一个重要分支

图像学的方法是德国艺术史家阿比·瓦尔堡（Aby Warburg）从艺术研究的图像志方法中发展起来的。19世纪法国图像志学者主要是通过参阅神学文献和礼拜仪式，分析艺术作品中的内容，而瓦尔堡则学派是将艺术作品创造性地放在一个更宽广的文化历史背景下来理解，研究艺术作品的内在"含义"。即"这种含义是通过弄清那些能够反映一个民族、一个时期、一个阶级、一种宗教或哲学信仰之基本态度的根本原则而领悟的"❶，也就是说把艺术当作文化或心灵史的征兆，解读出主题背后的文化意义。

在瓦尔堡之后的潘诺夫斯基（Erwin Panofshy）则为图像志和图像学建立了一套理论体系。潘诺夫斯基认为，"图像志是形象意义的研究"，而图像学是"在更广泛意义上的图像志"。所以图像学在艺术史中是一种关注和阐释图像意义的方法论，其"阐释使得文化价值具体化了"❷。潘诺夫斯基对图像作品的解释可以落实在三个层次上。在第一

❶ 范景中.《图像学研究》中译本序 [J]. 新美术，2007（04）：6-7。

❷ 温尼·海德·米奈. 艺术史的历史 [M]. 李建群，等译. 上海：上海人民出版社，2007：214。

层，解释的对象是自然的题材，这一解释称为前图像志描述。这个过程是一种陈述，并不关乎事物间的联系。为了得出这个层次上的正确认识与解释，我们要了解对象和事件，这种经验至少在某个文化圈子里是人所共有的。不过，这个层面的观察必须受控于对风格史的正确了解，即对不同历史条件下，使用各种形式去表现对象和事件的方法有正确的了解。在第二个层面上的解释，称为图像志描述，即对各种形象的描绘和分类，其对象是约定俗成的题材，这些题材组成了图像、故事和寓意的世界，解释者必备的知识则是文献，这种知识使其了解特定的主题和概念。解释者的观察，需要把握不同历史条件下，不同作者运用对象和事件来表现特定主题和概念的方法。在这个阶段，应该尽量去发现作品可能曾受到哪些艺术思潮的影响。在第三个层次上称为图像志阐释，或称图像学分析，它分析的对象是艺术作品的内在含义或内容，以及在最初观察中还无法确定的潜在观念。这个层次上解释者的必备知识是对人类心灵基本倾向的了解。控制和解释的是：对各种不同历史条件下，通过特定主题和概念表现人类心灵基本倾向方法的把握。图像并非是简单的对外在事物的反映，图像本身总是隐藏着某种观念和意识形态因素，图像学研究就是要透过图像本身挖掘其背后隐藏的意识形态因素，使文化价值具体化，这是图像学研究中的一个关键步骤。图像学阐释研究的任务是："为什么要创作这件作品？""为什么以这样的方式创作了这件作品？"或者说：为什么某件作品（某种文化的物态形式）在某个时代被某个人（群体）创造出来（图1-1）。

简而言之，艺术作品的自然题材组成第一层次，属于前图像志描述阶段，其解释基础是实际经验，修正解释的依据是风格史图像的程式化题材。第二

前图像学：图像与物件的认识
图像学分析：图像含义的确认
图像学的解释：图像文化的根源解释

图1-1　图像学研究的三个层次

层次，属于图像志分析阶段，其解释基础是原典知识，修正解释的依据是类型史。第三层次，属于图像学解释阶段，其解释基础是综合直觉和象征世界的内在意义，修正解释的依据是一般意义的文化象征史，主要用来揭示视觉艺术与相关物态形式中主题和题材的文化、社会和历史背景❶。

二、近代旗袍及面料研究中图像学方法的探索

图像学的方法已被诸多国内学者运用在传统艺术的研究之中，如对汉画图像的研究、佛教图像的研究、传统建筑图像的研究等，目前在现代广告和数字传媒研究中也有所涉及。但在对近代艺术和设计发展的图像研究上，整体就显得较为薄弱，正如龙迪勇先生在《图像叙事：空间的时间化》一文中特别提出：在目前的图像及图像叙事学研究中"对于图像的本质、图像的叙事的意义生成机制以及图像与我们生活的关系等诸多重要的问题，国内学术界至今还没有人提出深刻的、切实的、有说服力的看法，有些领域甚至至今还是一片空白"❷。本章针对近代旗袍及面料的图像及图像叙事研

究，试图在图像与大众生活、图像与时尚变迁、图像与中西文化交流等方面进行一些开拓性和尝试性的探讨。

传统的图像学一般以艺术家的创作作品为研究对象，而本书将借鉴图像学的研究方法对属于物质文化领域，创造者是普通女性消费群体的服饰图像——旗袍及面料进行多层面的研讨。旗袍既是近代服饰文化中最具典型意义的一种特殊图像，也是最具大众文化和时尚传播特点的图像载体。而旗袍面料本身也是近代织物图像中遗存最为丰富的一类，无论是它们的形式还是内容，都同样反映着近代织物题材、风格、材质的丰富性，以及设计与中西文化的制约、近代文化与设计发展的特定关系。因而，首先从图像学研究的第一层次上，关注这些图像的基本陈述，让读者对旗袍及面料在不同历史条件下的真实存在有一个较为全面的了解，就显得十分必要。其次从第二层次上，对旗袍及面料图像形成的社会文化原因进行基本的阐释，引申含义，探讨不同图像与历史文化语境的关系。而第三层次的阐释，必须是在个案图像的整体动态发展中完成的，这是本书中最为关键和最具挑战性的所在。

本章研究的另一个关键是，如何在

❶ 范景中.《图像学研究》中译本序[J].新美术，2007（04）：6-7。

❷ 龙迪勇.图像叙事：空间的时间化[J].江西社会科学，2007（09）：39-53。

考据学和工艺学的基础上，明确每个个案图像产生的确切年代，并从风格史的角度，确定图像题材的属性，为进一步的研究提供可靠基础。因而笔者在客观表述旗袍及面料图像的形式因素外，注重将研究对象放在一个更为广泛的社会文化背景之中加以认知，希望一旦合理地解释了旗袍及面料图像与一定社会背景、艺术思潮之间的内在联系，那么这些图像反过来也就成为这些历史思潮的实证例证，从而可以进一步加深对这些图像自身社会价值和文化人类学意义的理解。同时，笔者也认识到谨防和避免过度的阐释出现的牵强附会的误导和歧义的必要性。本书运用图像学研究方法

的目的，一是通过传世旗袍的实录图像，提供给读者从个案图像特征和整体变迁过程的对比中，较为直观、清晰地认识旗袍及面料的途径；二是通过传世实物、月份牌纹样的复制、还原和对比，在显现旗袍及织物图像真实存在的基础上，对旗袍面料纹样的历史、文化特性进行梳理，并通过图像的叙事进一步阐述与社会情境的关系，解释显现为某种文化征兆的原因，以及图像叙事者并没有明确地表达、但却融合在其图像中的深层历史文化特性。也希望读者在阅读的过程中，以自己的理解更多地阐释出隐藏在这些图像背后的意识形态因素和人类心灵的表达（图1-2）。

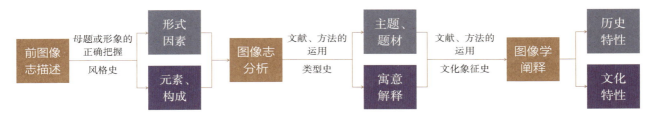

图1-2　本章图像学研究的思路和框架

第二节

历史口的图像与图像中的历史

服饰是人类文明和文化的重要产物，是社会文化的物质载体，被誉为"非文本社会思想史"的重要组成部分。旗袍是在中国多种传统袍服的基础上，受西方文化影响产生的近代女性时装。它不仅体现了近代中国社会、经济变革的现状，也突显了服饰人人平等化的近代社会观念，引领了上海女装国际化的时尚潮流。不管是从历史发展的宏观意义上，还是个案的微观角度，旗袍及面料作为一种历史的图像，它以不同的方式向我们叙说着近代历史、文化变迁中人与服饰的关系，以及近代服饰观念的建构过程。

一、历史中的图像

19 世纪中叶，德国历史学家德罗伊森（ J.G.Droysen）曾说："只有当历史学家真正开始认识到视觉艺术也属于历史材料，并能有系统地运用它

们，他才能更加深入地调查研究以往发生的事件，才能把他的研究建立在一个更加稳固的基础上。"[1] 随着中国史学研究的"社会史转向"，图像之于历史的特殊作用逐渐为史学家所注意。诚如小田在《漫画：在何种意义上成为社会史素材——以丰子恺漫画为对象的分析》中所言："（丰子恺）给我们提供了往昔存在的情境；出现在情境中的，不是某个个体，而是某类角色；发生在情境中的，不是特定的事件，而是常态行为；展示在情境中的，不是即时见闻，而是时代风尚；隐现在情境中的，除了具体实在，还包括'实在'所象征的抽象意识。"[2] 与关注特定人物、事件的政治史不同，社会史所追求的"真实"不是"人物——事件事实"而是"符号——行为事实"[3]。而图像恰恰可以作为获取"符号——行为事实"的基本素材。

[1] 曹意强. 艺术与历史 [M]. 杭州：中国美术学院出版社，2001：72。

[2] 小田. 漫画：在何种意义上成为社会史素材——以丰子恺漫画为对象的分析 [J]. 近代史研究，2006（1）：79-92。

[3] 翟学伟. 中国社会中的日常权威：关系与权力的历史社会学研究 [M]. 北京：社会科学文献出版社，2004：56。

（一）历史语境中的旗袍图像

不管是从社会学、文化学还是设计学的角度来考察，近代旗袍都可谓是一种综合性非常强的历史图像，而且它们的图像呈现方式也是多样和变化的。例如：可以是传世的实物图像，可以是历史影像的图像，也可以是画家笔下的图像等，但这些图像形成的基础只有一个，即近代社会变革引发的服饰时尚符号——旗袍本身。旗袍作为近代社会的典型时尚图像之一，它既自身存在于社会整体之中，又是政治制度、经济发展和意识形态的显性表现。因而对旗袍图像历时性与共时性的客观、准确地阐释，要通过由近代社会、文化构成的空间与时间中去实现。旗袍图像的含义无法只凭对图像本身的呈现来辨识和揭示，而要通过重构旗袍图像存在的历史背景，返回到近代旗袍流行的历史情境中，才能有效地实现其承载文化意义的阐释。

旗袍图像或说旗袍符号的形成过程，其一，是观念的突破与廓型演进的过程。正如前文所述，旗袍整体图像的形成和发展表面上体现为一个由个体时髦演变为群体时尚的女性服饰变革过程，而其叙事意义的本质则是女性觉醒、女性革命和西风东渐而导致的观念变革。而且这个过程并不是某一个设计师或消费者的个人意志可以决定的，它是在各种社会因素下不断突破、改进、完善中形成的。即由始作俑者雏形的倡导，时尚女性加入的改良，到社会、媒介、大众群体的参与、认可，最后到政权层面的确认、首肯（1929年4月16日颁布的《服制条例》）。在进入近代社会后，中国服饰的高度开放和日新月异的变革是前人难以想象，后人未曾体验的。即使是国民政府层面在《服制条例》中确认的旗袍图像符号，在大众使用的过程中，自觉不自觉地对图像局部进行改变或改良已近成为一种常态，读者们可以在本篇第二章"近代传世旗袍图像实录"的旗袍款式数据和图像中清晰地认识到这种状况。但必须指出的是，不管是设计师、裁制者还是消费者，他们在根据个人意愿或时尚趋势考虑和改变旗袍的廓型——即形制图像，包括领型、袖型、下摆、开衩等主要元素时，又不可避免地会受到政治、社会、文化、时尚等观念，甚至是舆论的左右和制约。即在这些旗袍图像中每一个细节的变化都存在着某种观念和意识形态因素的左右与影响。

其二，不管是什么样的旗袍图像形态或廓型，都必须仰仗、依赖织物，以及本书主要关注的旗袍构成的重要元素——面料，才能实现、形成真正意义上的旗袍图像，这也是本书为什么要将面料作为重点来研究的初衷。纵观中外服饰的历史，在近代以前，除了皇室、权贵阶层可以为某件服装专门定制面料外，一般的大众消费者只能是自制最为简朴的面料或通过市场交换获得有限的选择。而进入近代社会以后，消费的阶层藩篱被彻底打破，消费者获得了宽松的消费自由选择权，面料图像的选择和使用已完全个性化。因而相同或相似的旗袍廓型，不同题材、色彩、织物面料图像的选择，会构成和显现不同意味的旗袍图像，也会显现出旗袍穿着者的时尚观念和意识形态的个性特征。在此以外，这种图像的自由消费选择，也带来了面料图像设计话语权、时尚引导与消费传播的进一步发展。

近代旗袍的面料图像，从地域文化属性来看主要分为两类，即：西洋（含东洋）进口面料图像与国内自产面料图像。关于此两种面料的历史状况已在本书上篇中进行过探讨，在此不再赘述。从面料图像的题材、风格、形式表达等基于的文化属性来看，可分为西方与东方两大类。如果仅从图像志的角度陈述面料图像给我们的直觉感受，而不涉及图像与社会背景的联系，那我们首先需要考察的是面料图像的自然题材与自身风格属性，即纹样主题、风格来源、结构布局、排列方法、形式特点、材料工艺等。为其后运用图像学分析、阐释的方法，来探讨旗袍或面料图像作为意义载体的含义，旗袍形态与面料图像的文化意义关联，以及历史情境重构与面料图像意义的深层解读等做好基础性的准备。

在运用前图像志的方法来解读旗袍实物图像的制作技术、图像配置、呈现的形式、色彩等图像最基本、最自然的物理属性时，我们力求从中窥见近代设计师的图像创作思维方式、创作方法、审美观念。同时，也必将触及实际的制作技术，包括物质材料、技术工艺等内容。在对旗袍图像进行图像志分析的过程中，笔者尽可能凭借对工艺设计的规律和方法的理解，对图像进行忠实的再现，以期更多地接近历史的真实。

其三，旗袍显现的整体图像是需要

在历史语境中利用多种图像的比较进行重构的。在旗袍整体图像的构建中，除了需要对上述的观念因素、廓型因素、面料因素进行时间上的叠加分析外，其中的装饰因素也是不可忽视的一个方面。如在旗袍图像象征意义中起着重要作用的盘扣、滚边等其他装饰材料和手法。

在本篇的探讨中，主要以前图像志和图像志分析方法与形式分析相结合，首先以20世纪20～40年代传世旗袍的照片图像、款式尺寸图像、面料单位纹图像、旗袍局部图像，以及相关工艺分析、参数说明，较为清晰、完整地引导读者领略近代旗袍图像在廓型、面料、里料及工艺等方面的特点和变迁，揭示旗袍廓型从倒大袖的A字身型逐渐转换为短袖S曲线身型过程中，社会、历史文化和西方时尚在其中的反映。同时，也留给读者进行自我判断和研读的空间。

（二）历史转型中的旗袍面料图像

由于近代旗袍几乎涉及当时面料市场的绝大多数产品，其面料图像以数量之多、形式丰富，足以构成一部较为完备的近代面料时尚图像系统。

这个近代图像系统的存在，首先，不可能完全脱离中国传统面料的审美观念和不同地域的造物观念。从世界范围的服饰史的角度来看，一个民族的传统服饰面料图像会以较为恒常化、程式化、规范化、稳定化的惯性制约着服饰图像的题材、形式的发展。在我国，这些传统图像的母题不外乎祥瑞图形、植物、动物和现实生活图景以及抽象装饰符号等内容，它们千百年来以其恒久的生命力影响着我们民族的服饰图像创造活动，上承下传，绵延不绝。其次，任何服饰图像的发展，也无法避免受到当时具体历史情境的左右，而呈现出时代的鲜明特征，但总体上无法完全与传统的群体图像意识相割裂，甚至是将外来的因素全部或部分融合其中。在近代旗袍面料的图像发展中，不管是在图像的母题、图像的表达或图像的意识形态上，都与我国千百年的传承服饰产生了一定的背离。虽说传统的母题在一部分服饰面料图像中仍然得到延续，但从总体上说，外来的题材和图像母题已占据了半壁以上的江山。外来纹样母题的侵入、借鉴和运用已在上篇第五章中进行了分类讨论。如玫瑰、一品红、佩兹利、大洋花、菖蒲、蓟花、埃及莲、叶形图像，以及条格、抽象几何图像等西方图像题材在旗袍面料的图像中得到普遍的流行。

由于图像本质上是符号的象征，所以运用图像学视觉符号的方法去破译旗袍面料图像的象征内涵就成了本篇的阐述中心和重点。当然，图像绝不是文献的简单视觉化，图像的象征内涵和意义已不是文献的意义可以简单包容和终极阐释的。从某种意义上说，某个图像本身可以构成一个完整的认知和表达系统，确定图像本身的意义就是图像学要达到的目的之一。符号是表示事物特征以及事物相互关系的抽象标志或标记，是一种关于对象的人工指称物。符号和符号体系虽然是人为的，但并非是主观任意的，它是在形成与传播过程中被公众逐渐认同并在意识中固化的，旗袍整体图像的形成，亦同样经历了这样的过程。符号所标志的对象和对象之间的联系一经确立，就具有相对的稳定性，具有"约定俗成"的表意特征。但在近代社会的变革中，不但很多传统"约定俗成"的表意图像，在旗袍面料中已渐渐失去或抛弃了在意识中固化的文化意义，而且很多新引进的图像，也被日新月异的图像所淹没，呈现出基于西方时尚潮流认知下的图像

主流特征。为数不少的时人甚至认为：西方的就是时尚的，西风美雨成了旗袍面料图像认知的标杆。这种既体现于外表，更根植于意识形态的演化，正是我们阐释近代旗袍及面料图像本质意义的所在。

旗袍面料图像是在近代文化、经济、传播等因素的影响下，形成的西方文化主导，极具中西文化交融的一种特殊设计形态，从整体文化意义上说它是一个内容庞杂的中西合璧的视觉图像体系。它不仅包括了点、线、面、图形、色彩、光影、比例、尺度等形式要素，以及多种西化的母题类型，更有杂乱且不成熟的设计观念和设计师的个体理念的表达。因而，在图像学情境的范围内，对这些象征符号加以分析和阐释，以确定某种图像主体的"内在意义"是作为那个时代的一种意识形态表达，还是作为某个设计师人文关怀的心灵倾向，就显得十分必要，同时也极具研究上的挑战性。

以宏观的历史视野来看，旗袍及面料作为一种大众文化的图像载体，除去它本身的商业和服饰实用价值外，它在促进近代妇女生活职业化、社会化以及服饰时尚进步等方面还是具有

相当积极的意义。旗袍及面料大众性与时尚性特征，也决定了它对 20 世纪初至 20 世纪 40 年代中国社会变迁、女性解放的镜像反映，也突显了当时社会仰慕欧美物质文化作为图像存在的价值背景，这些都是我们在解读图像意义时，不可忽视的重要因素。作为特定历史背景下的图像物化的存在方式，旗袍及面料图像所蕴含的丰富历史与文化信息，在很多细节上为我们研究近代旗袍的发展进程及面料设计和运用特征，提供了不同角度的历史依据。但值得注意的是，此时期文化的肤浅与粗糙性特征也同样在旗袍及面料图像上显露无遗，这些肤浅与粗糙的存在也会造成意义解读上的干扰。

二、图像中的历史

历史从来就不是文献的堆砌，历史对于今人的价值，在于今人对历史的解读和重构。对历史图像的研究必须在历史情境中去重新感知和体验过往时代的脉动，捕捉图像中个体生命的心灵向往。感知和理解是对历史事件和历史本身阐释的前提，或称为"更高层次理解"的基础。对历史的体验就是重新回到历史事件之中，实现对历史的重构。具体到近代旗袍及面料的图像而言，就是怎样在历史的情境中实现对整体图像的宏观构建和对个案图像的多元释义。

在以往的设计史研究中，图像往往是被作为文献记载的旁证而运用。也就是说，大家秉承的乃是"图像证史"这一观念与方法。即便是这种方法，据彼得·伯克的观点，在学术界的运用依然是相当不充分的。尽管如此，不断发现的图像文献依然大大推进了人文学科研究的进程。在本节中笔者想要强调说明的是，在旗袍及面料的研究中，图像绝不仅仅是旁证，它本身就是时尚制造的主体，或者是旗袍时尚研究中最直接、"最可采信的证据"。如本书月份牌中的旗袍图像，其解读的价值可以与传世旗袍并行甚至高于某些单件传世旗袍，是更能触及社会背景、消费欲望的一个时尚表述系统。在这些系统内，不同媒介的视觉语汇和形象思维方式，以不同的主题内容、表现手段、象征方法和叙事原则共同叙述着旗袍的时尚。可以说，这部分图像如果仅仅是以"图像证史"的概念来理解和阅读是远远不够的，必须摆脱"图像证史"的附庸身份，以"图像即史"的观念来阐述其中旗袍图像的独立意蕴。月份牌中的旗袍是与"人"并置的图像，它不仅展现了旗袍本身，更从消费的角度诠释了旗袍图像与不同阶层、不同场景中穿着者的关系。也直接或间接地传达了与旗袍图像相关的生活方式、女性生活观念等，为我们准确地表述旗袍图像的社会意义、日常生活状态提供了新的思路。

对旗袍图像历史演进的准确解读，一方面需要大量近代文献资料的获得和相关方法论的支撑，更需掌握处于同一发展阶段的相关时尚信息，增加对相应的社会背景与文化知识的深入了解。更重要的是，必须建立起一个不依赖于文献的、自足的图像系统和有效的解读方法。而这样一个图像系统的建立，需要更多图像资料的挖掘和深入研究，本书中传世旗袍面料和月份牌面料图像的复原仅仅是构成这种系统工作的第一步。只有在大量图像材料的基础上，才能够较为全面地掌握一个时代、一个地区、某个设计群体或设计师选择及表现题材的基本原则，表达意象、符号创作与解释的基本方针，了解形式安排和制作技巧如何表达意义的规律，从而建立图像叙事的一般性原则，解析其自成一体

的叙述方式。如何从观念上强调图像系统的自主地位，摆脱其作为文献的附庸身份，也是旗袍图像研究中不得不面对的问题和难题。

（一）"竹子"图像的象征变迁

图像学对于设计历史内容的探究，是为了揭示图像在各个文化体系和不同文明中的形成、变化及所表现或暗示出来的思想观念。显然，图像学的意义在于追溯图像的渊源，而且这种追溯都是在图像的题外进行的。在一般的服饰面料中植物图像占有很大比例，而竹子图像又是其中非常具有中国人文内蕴的一种面料题材。本章中我们尝试以竹子图像为例，来探讨其从自然意义、人文意义到象征意义的演进过程。

1. "竹子"图像的自然意义

自然意义中的竹子，是中国植物纹样中颇受关注的一个主题。自然世界中竹子是一种客观存在，由于其四季常绿、生机勃勃的外像，自古以来被人们所喜爱，同时也激发着艺术家的创作灵感。竹子由于自然属性的诸多优点与实用价值，被人们广泛运用于生活的方方面面，也使竹子与人们的

❶ 崔迎春.图像学在中国美术史研究中的应用[J].艺术研究，2010（05）：74-76。

生活产生了息息相关的联系。

2.“竹子”图像的传统人文意义

竹子从自然界的客观事物，到艺术创作的表现题材，就已经被赋予了特殊的审美价值。大量画家的介入不断丰富着竹子图像，也深化了竹子的含义，将其升华为文人百折不屈精神的代表和中华民族精神的象征，至此竹子图像已不单纯是绘画题材中的艺术图像，它具有了更深层次的文化内涵和象征意义。

3.“竹子”图像的观念象征意义

竹子在成为艺术图像之后，就开始被孕育着更深刻的内容和意义。竹子图像体现在绘画中的同时，其深刻的文化内涵也被关注。随着中国文化历史的发展，竹子的文化内涵也不断地被深入、丰富和完善，竹子图像逐渐成为中国文化精神中一个重要的组成部分。

如宋代苏东坡在《于潜僧绿筠轩》中说：“宁可食无肉，不可居无竹。无肉令人瘦，无竹令人俗。人瘦尚可肥，士俗不可医。”这里的竹子俨然已经成为文人雅士以及君子的代名词。唐代刘禹锡《庭竹》诗云：“露涤铅粉节，风摇青玉枝。依依似君子，无地不相宜。”直接将竹子比喻为君子。

魏晋间以嵇康、阮籍、山涛、王戎、向秀、刘伶、阮咸为代表的风流名士，因不满暴政，常聚于当时的山阳县（今河南修武一带）竹林之下，谈玄醉酒，长歌当哭，这七位风流名士所逍遥的地方便是竹子丛生的竹林。画家顾恺之、陆探微等仰慕七贤的旷达，作有《竹林七贤图》。郑板桥不仅以竹子创作了大量的艺术作品，他题于竹画的诗也数以百计，丰富多彩，在赋予竹子完美图像的同时，更赋予竹子以高尚的精神风貌，他在《竹石》图的画眉上题诗曰：“咬定青山不放松，立根原在乱岩中。千磨万击还坚劲，任尔东西南北风”以及“秋风昨夜渡潇湘，触石穿林惯作狂。唯有竹枝浑不怕，挺然相斗一千场”。这里的竹子象征了不畏逆境、具有坚韧性格的君子品格❶。

中国传统文化十分重视节操，因为节操关系国家、民族的根本利益，也关系个人的人格尊严。这里的竹子所具有的气节被上升为中华民族所应有的气节、节操。在服饰图像中，竹子经常与梅、兰、菊一起构成“四君子”高洁坚贞的形象；与梅、松并置，被称为具有顽强生命力的“岁寒三友”，并受到文人雅士的广泛推崇。

4. "竹子"图像的西化表达

在近代旗袍纹样中，一些竹子图像因受到西方文化和设计思潮的影响，很多图像转化为只有竹叶而无竹茎，竹叶图像的表现也趋于西方的簇叶图像。这样的图像转向，不仅改变的是传统竹子图像的表达形态，竹子的传统人文意义、象征意义也都消失殆尽。而竹子图像只存有西化时尚意味下的自然属性了。

与"竹子"图像有着相似象征变迁的并非个例，在团花、牡丹、菊花等中国传统图像中同样存在着以西方时尚语境为参照的蜕变。

（二）图像中的近代时尚叙事

进入近代以后，由于借助了印刷术的复制功能以及大众传播，图像的增值便成为近代视觉文化的基本方面。近代都市中各种期刊、报纸、广告的盛行，呈现出一种视觉文化狂欢的局面，从某种意义上说，中国近代就已经进入了"读图时代"的发轫期。而月份牌中的旗袍图像就是这个时期时尚叙事的佼佼者。

从图像叙事的视域看，旗袍及面料设计作为一种历史的图像载体，也用其具象或抽象的形态，镜像反映了近代历史本土文化与外来文化碰撞、渗透、融合的渐进过程。从某种角度说，以期刊、报纸、广告为载体的旗袍影像、月份牌等是以图像遗存为特点的历史文化叙事形式，其中蕴含着涉及历史、民俗、时尚、消费、艺术等与旗袍戚戚相关的丰富信息，如果以"图像学"研究方法入手，深入发掘这些图像涉及的潜在社会背景，并通过意义的关联去发现形成这种图像民族精神、意识形态的根源和消费心理的特征，应不失为研究近代旗袍及面料图像的新视角。

旗袍面料图像中的西方纹样及现代纹样的广泛流行，从文化现象史的角度也表明近代服饰文化已经不再只是传统精英文化的专属，服饰文化通俗化的表征正是一元社会向多元社会、一元政治向多元政治转变的物化体现。近代旗袍及面料图像与近代大众广泛接受的流行歌曲、通俗文学、电影戏剧等一起构成了大众文化的绚丽景观。市民社会和城市大众文化极大地动摇了传统社会和传统文化艺术的根基，成为近代中国社会发展一股不容忽视的重要力量。出现在中西交汇特殊年代的旗袍及面料图像，因其蕴含了众多以市民社会为政治、经济基础的历史、文化叙事形态，故而在近代设计史中占据了举足轻重的地位。那么，大众文化也成为我们揭示近代旗袍及面料图像意义不可或缺的社会历史情境。

第二章
近代传世旗袍图像实录

每件传世旗袍均可视为独立的图像，而从广义图像学的视域上看，近代旗袍的发生、发展、确立亦可视为一种时尚图像嬗变的整体叙事过程。从倒大袖旗袍到无袖旗袍的变迁，以及这个过程中，廓型、领、襟、袖、盘扣、开衩、面料、里料等构成元素的改良，是我们从社会历史上认识近代旗袍图像的必要过程，也是阐释和追寻图像意义的前提。本章以旗袍实录图像为主要载体来重构近代旗袍发展的历史情境，并在历时性与共时性中阐释、追寻凝结在各类图像背后的『意义』。

在本实录部分中，面料的单位纹尺寸是指一个花回的大小，由于服装悬挂方式等原因，面料存在一定的变形，从而导致实测尺寸与所拍摄图片之间可能存在微小的差异。

第一节

20世纪20年代旗袍图像实录

一、绿地大洋花提花倒大袖夹旗袍

年代： 20世纪20年代
材质： 面料真丝提花缎，里料真丝平纹绸
尺寸： 衣长115cm，通袖长113cm，下摆宽66cm，袖口宽28cm，开衩长30cm
纹样： 大洋花，平接布局
收藏： 高建中

尺寸图（cm）

单位纹尺寸（cm）

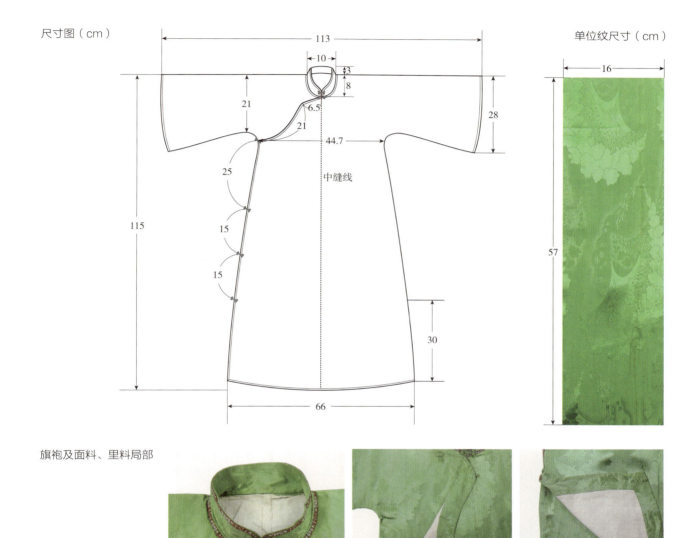

旗袍及面料、里料局部

部位 参数	组织	材料		密度（根/cm）		投影（mm）	
		经向	纬向	经向	纬向	经向	纬向
面料	八枚缎	真丝	真丝	72	28	0.015	0.02
里料	平纹	真丝	柞蚕丝	32	36	0.02	0.03
工艺	提花（花边：平纹金线）						

注　投影指标尺和织物在同一显微光线下，显示出的经向或纬向的纤维粗细尺寸。

二、棕红地大洋花提花倒大袖衬毡夹旗袍

年代： 20世纪20年代
材质： 面料真丝提花缎，里料真丝提花绸
尺寸： 衣长118.5cm，通袖长108cm，下摆宽58cm，袖口宽21cm，开衩长13cm
纹样： 大洋花，平接布局
收藏： 私人收藏

尺寸图（cm）

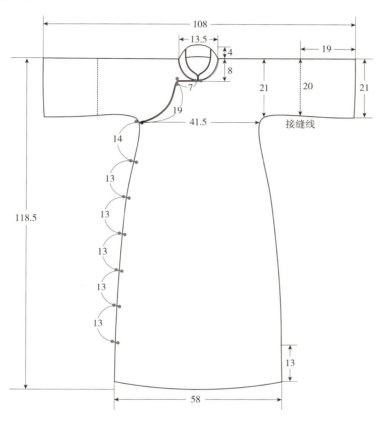

单位纹尺寸（cm）

旗袍及面料、里料局部

部位参数	组织	材料		密度（根/cm）		投影（mm）	
		经向	纬向	经向	纬向	经向	纬向
面料	八枚缎	真丝	真丝	128	40	0.6	地纬：0.5 彩纬：1.4
里料	八枚缎	真丝	真丝	46×2	24	0.8	1
工艺	提花（夹层：羊毛毡）						

三、天青地云水纹提花绉中袖衬毡夹旗袍

年代： 20世纪20年代
材质： 面料真丝提花缎，里料棉布印花
尺寸： 衣长ʹ27.5cm，通袖长100cm，下摆宽54cm，袖口宽17cm，开衩长30cm
纹样： 大洋花，平接布局
收藏： 私人收藏

尺寸图（cm）

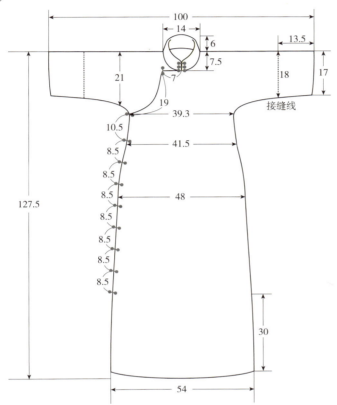

单位纹尺寸（cm）

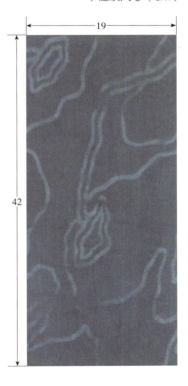

旗袍及面料、里料局部

部位参数	组织	材料		密度（根/cm）		投影（mm）	
		经向	纬向	经向	纬向	经向	纬向
面料	十二枚缎	真丝	真丝	44×2	20	0.9	1.1
里料	平纹	棉	棉	—	—	—	—
工艺	提花（夹层：毡）						

四、豆沙色地矩形条纹提花长袖夹旗袍

年代：20世纪20年代

材质：面料真丝提花纱，里料棉布

尺寸：衣长117cm，通袖长115cm，下摆宽57cm，袖口宽18cm，开衩长25cm

纹样：矩形条纹

收藏：高建中

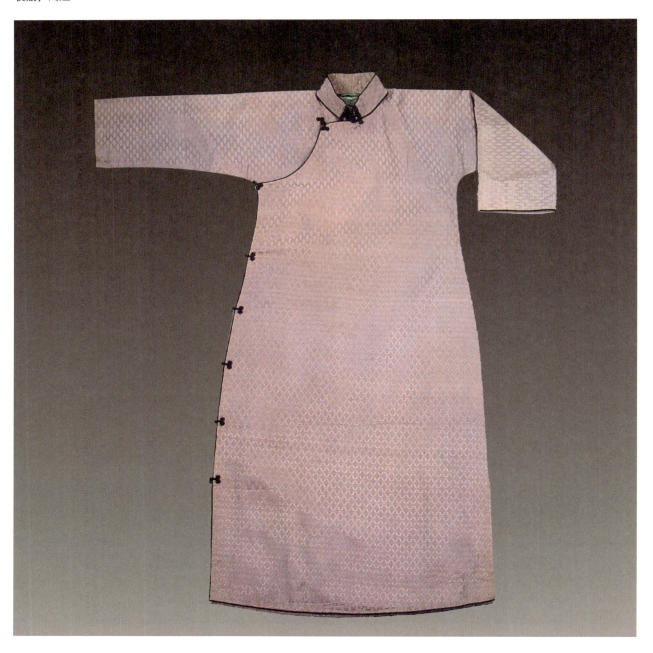

旗袍及面料、里料局部

尺寸图（cm）

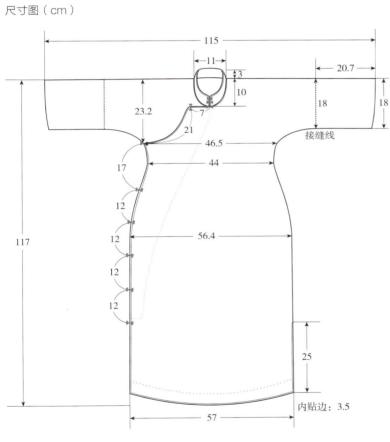

单位纹尺寸（cm）

部位参数	组织	材料		密度（根/cm）		投影（mm）	
		经向	纬向	经向	纬向	经向	纬向
面料	平纹	真丝	真丝	26	23	0.015×2	0.015×2
里料	真丝	真丝	真丝	—	—	—	—
工艺	提花						

第二节

20世纪30年代旗袍图像实录

一、士林蓝棉布长袖旗袍

年代： 20世纪30年代

材质： 面料棉布

尺寸： 衣长108.5cm，通袖长133cm，下摆宽56.5cm，袖口宽13.5cm，开衩长17cm

收藏： 私人收藏

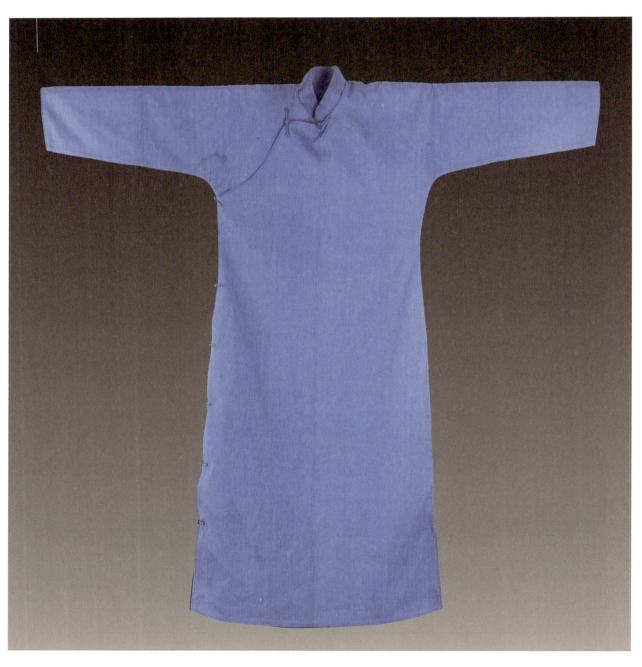

尺寸图（cm）

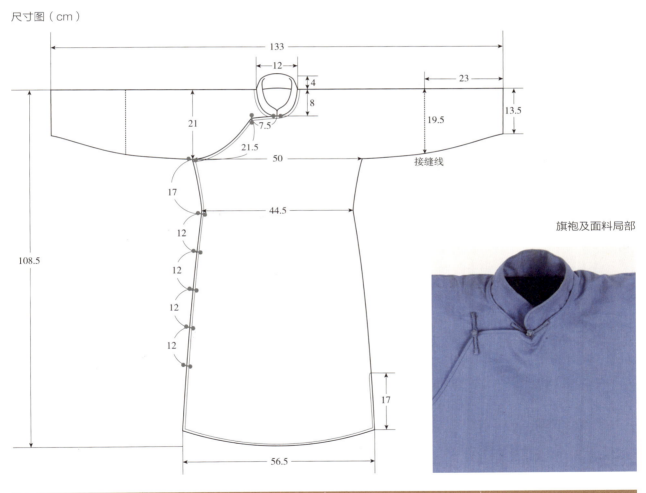

旗袍及面料局部

部位 参数	组织	材料		密度（根/cm）		投影（mm）	
		经向	纬向	经向	纬向	经向	纬向
面料	平纹	棉	—	28	22	1	1
工艺	染色						

二、大红地寿字皮球花提花长袖夹旗袍

年代：20世纪30年代

材质：面料真丝提花缎，里料真丝平纹绢

尺寸：衣长117.5cm，通袖长124cm，下摆宽50cm，袖口宽18.5cm，开衩长17cm

纹样：寿字纹皮球花，平接布局

收藏：私人收藏

旗袍及面料局部

尺寸图（cm）

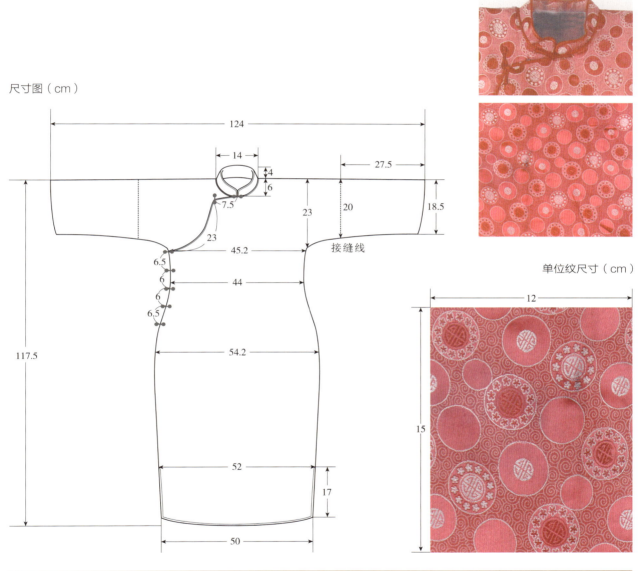

单位纹尺寸（cm）

部位参数	组织	材料		密度（根/cm）		投影（mm）	
		经向	纬向	经向	纬向	经向	纬向
面料	八枚缎	真丝	真丝	84	30	0.4	1.2
里料	平纹	真丝	真丝	—	—	—	—
工艺	提花						

三、宝蓝地几何纹提花中袖衬毡夹旗袍

年代： 20世纪30年代
材质： 面料真丝提花缎，里料平纹棉布
尺寸： 衣长127.5cm，通袖长100cm，下摆宽54cm，袖口宽17cm，开衩长30cm
纹样： 几何纹，平接布局
收藏： 私人收藏

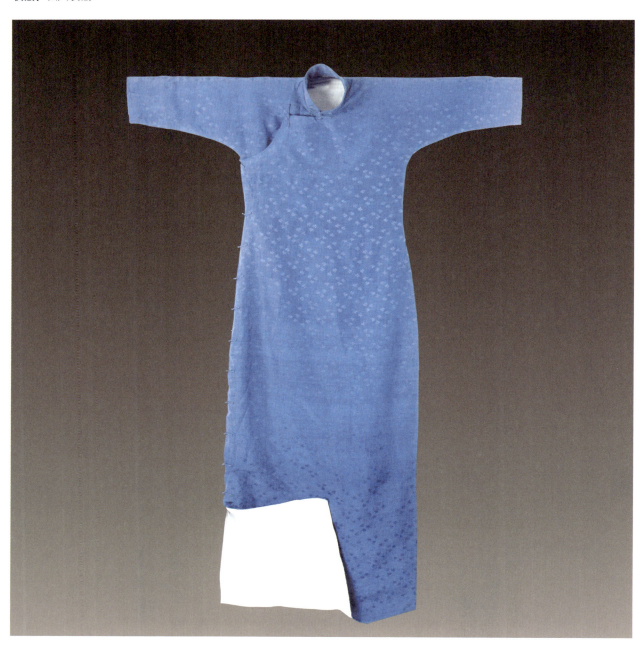

尺寸图（cm）

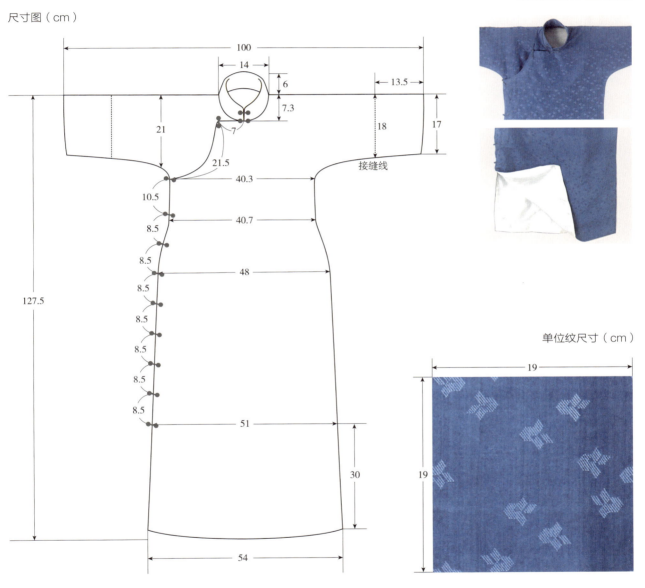

旗袍及面料、里料局部

单位纹尺寸（cm）

部位 参数	组织	材料		密度（根/cm）		投影（mm）	
		经向	纬向	经向	纬向	经向	纬向
面料	十二枚缎	真丝	真丝	44×2	20	0.9	1.1
里料	平纹	棉	棉	—	—	—	—
工艺	提花（夹层：羊毛毡）						

四、藕红地小折枝湜花中袖夹旗袍

年代： 20 世纪 30 年代
材质： 面料真丝提花绸，里料真丝平纹绢
尺寸： 衣长 129cm，通袖长 100cm，下摆宽 53cm，袖口宽 13cm，开衩长 28.5cm
纹样： 几何地小折枝花卉纹，平接布局
收藏： 私人收藏

尺寸图（cm）

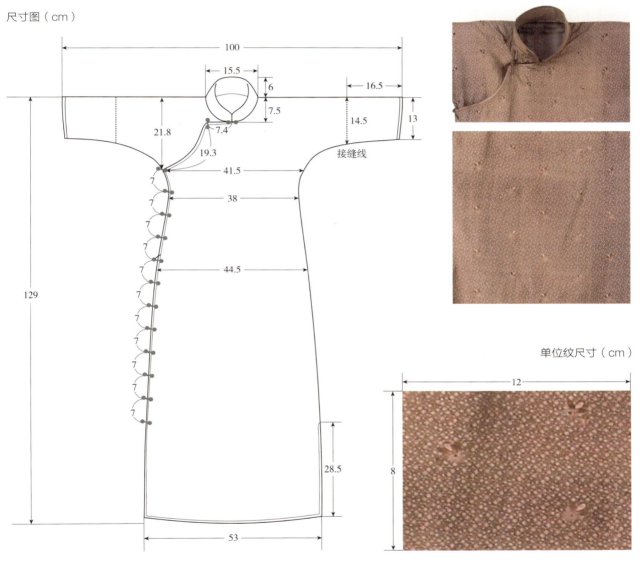

旗袍及面料局部

单位纹尺寸（cm）

部位 参数	组织	材料		密度（根/cm）		投影（mm）	
		经向	纬向	经向	纬向	经向	纬向
面料	重平纹	真丝	真丝	甲：52 乙：52	甲：40 乙：40	0.5	0.5
里料	平纹（绢）	真丝	真丝	—	—	—	—
工艺	双重经，双重纬，重平纹提花						

五、雪青地皮球花提花中袖夹旗袍

年代： 20世纪30年代

材质： 面料真丝提花缎，里料真丝平纹绢

尺寸： 衣长102cm，通袖长109cm，下摆宽47cm，袖口宽18cm，开衩长9cm

纹样： 几何纹皮球花，平接布局

收藏： 高建中

尺寸图（cm）

旗袍及面料、里料局部

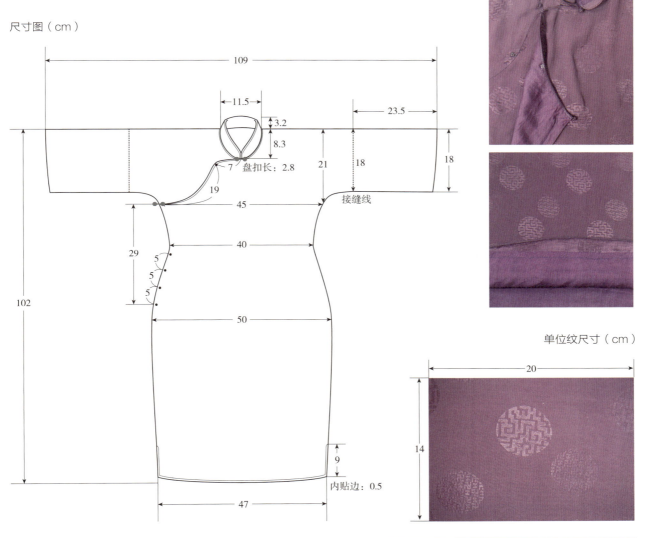

单位纹尺寸（cm）

部位 参数	组织	材料		密度（根/cm）		投影（mm）	
		经向	纬向	经向	纬向	经向	纬向
面料（正面）	平纹（双绉）	真丝	真丝	44（强捻）	40（强捻）	0.01	0.01
面料（背面）	八枚缎	真丝	真丝	44	40	0.02	0.01
里料	平纹（绢）	真丝	真丝	44	44	0.01	0.015
工艺	提花						

六、绿灰蕾丝短袖旗袍

年代： 20世纪30年代
材质： 面料蕾丝
尺寸： 衣长134cm，通袖长54cm，下摆宽51cm，袖口宽16cm，开衩长42cm
纹样： 花卉纹，平接布局
收藏： 高建中

尺寸图（cm）

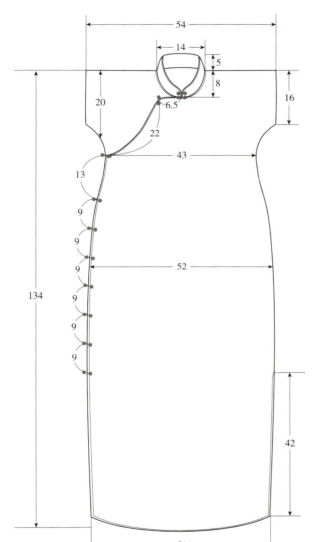

旗袍及面料局部

单位纹尺寸（cm）

部位 参数	组织	材料		密度（根/cm）		投影（mm）	
		经向	纬向	经向	纬向	经向	纬向
面料	绫	—	—	—	—	0.01	0.01
里料	平纹	羊毛	羊毛	—	—	—	—
工艺	蕾丝						

七、褐黄地几何纹提花绉短袖夹旗袍

年代：20世纪30年代
材质：面料真丝提花绉，里料真丝平纹绢
尺寸：衣长136.5cm，通袖长87.5cm，下摆宽53cm，袖口宽14cm，开衩长23.5cm
纹样：几何纹，平接布局
收藏：私人收藏

尺寸图（cm）

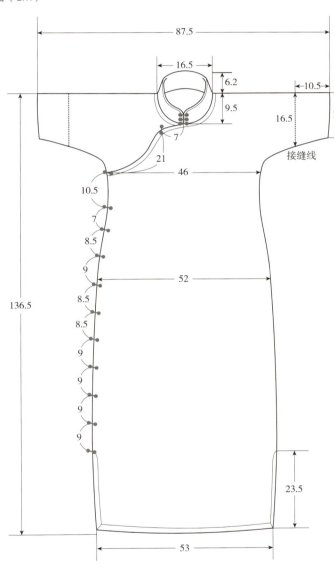

旗袍及面料局部

单位纹尺寸（cm）

部位参数	组织	材料		密度（根/cm）		投影（mm）	
		经向	纬向	经向	纬向	经向	纬向
面料	十枚缎（双绉）	真丝	真丝	64	60	0.8	0.3
里料	平纹（绢）	真丝	真丝	—	—	—	—
工艺	提花						

八、淡绿地缎面玫瑰葡萄纹刺绣短袖夹旗袍

年代： 20世纪30年代
材质： 面料真丝七枚缎，里料真丝平纹绢
尺寸： 衣长140cm，通袖长63.5cm，下摆宽40cm，袖口宽13.5cm，开衩长40cm
纹样： 玫瑰葡萄纹，散点布局
收藏： 高建中

旗袍及面料局部

尺寸图（cm）

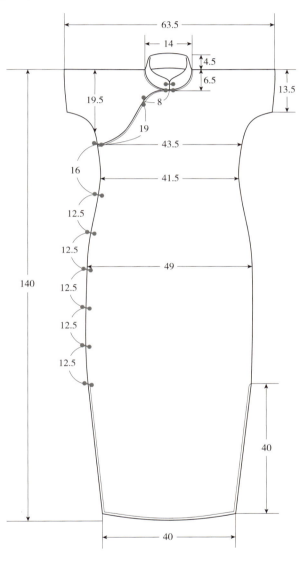

部位 参数	组织	材料		密度（根/cm）		投影（mm）	
		经向	纬向	经向	纬向	经向	纬向
面料	七枚缎	真丝	真丝	90	48	0.1	0.3
里料	平纹（绢）	真丝	真丝	—	—	—	—
工艺	缎地刺绣						

九、暗黄地几何纹提花缎短袖夹旗袍

年代： 20世纪30年代
材质： 面料真丝提花缎，里料真丝平纹绢
尺寸： 衣长 ˙ 28cm，通袖长55cm，下摆宽46cm，袖口宽15.5cm，开衩长35cm
纹样： 几何纹，平接布局
收藏： 私人收藏

旗袍及面料局部

尺寸图（cm）

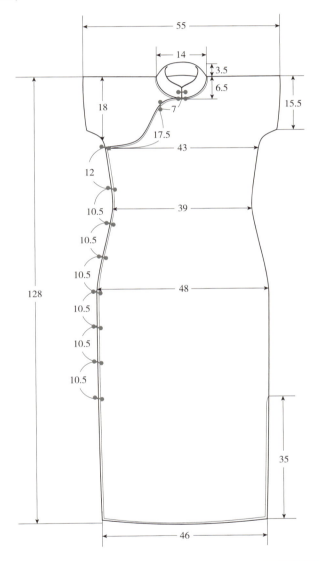

单位纹尺寸（cm）

部位参数	组织	材料		密度（根/cm）		投影（mm）	
		经向	纬向	经向	纬向	经向	纬向
面料	八枚缎	真丝	真丝	56×2	48	0.1	0.4
里料	平纹	真丝	真丝	—	—	—	—
工艺	提花面料反用（夹层：羊毛毡）						

十、深褐地几何纹提花镶边短袖夹旗袍

年代： 20世纪30年代
材质： 面料真丝提花缎，里料羊毛毡
尺寸： 衣长128.8cm，通袖长47cm，下摆宽48cm，袖口宽14.5cm，开衩长35.5cm
纹样： 几何纹，平接布局
收藏： 私人收藏

尺寸图（cm）

旗袍及面料局部

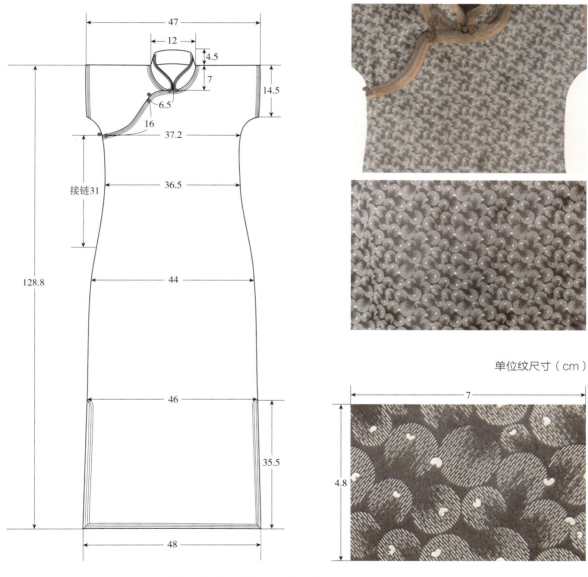

单位纹尺寸（cm）

部位参数	组织	材料		密度（根/cm）		投影（mm）	
		经向	纬向	经向	纬向	经向	纬向
面料	八枚缎	真丝	真丝	114	56	0.6	0.6
里料	—	羊毛毡	—	—	—	—	—
工艺	提花						

十一、香云纱短袖旗袍

年代：20世纪30年代
材质：面料平纹纱
尺寸：衣长111cm，通袖长57cm，下摆宽47.5cm，袖口宽17cm，开衩长23.5cm
纹样：朵云纹，平接布局
收藏：私人收藏

尺寸图（cm）

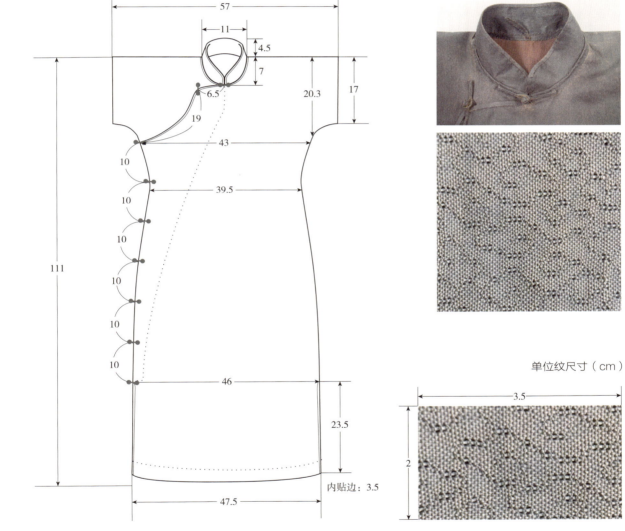

旗袍及面料局部

单位纹尺寸（cm）

内贴边：3.5

部位 参数	组织	材料		密度（根/cm）		投影（mm）	
		经向	纬向	经向	纬向	经向	纬向
面料	平纹（纱）	真丝	真丝	48	44	0.015	0.02
工艺	手工缝制						

十二、浅紫地双面提花织锦缎无袖夹旗袍

年代： 20世纪30年代

材质： 面料真丝提花缎，里料真丝平纹绢

尺寸： 衣长102cm，通袖长38cm，下摆宽38cm，袖口宽15.5cm，开衩长23cm

纹样： 花卉纹，平接布局

收藏： 高建中

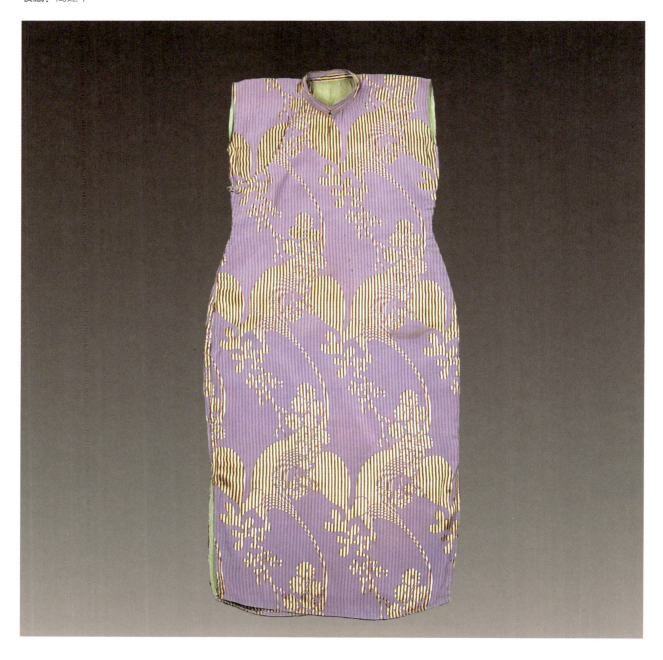

尺寸图（cm）

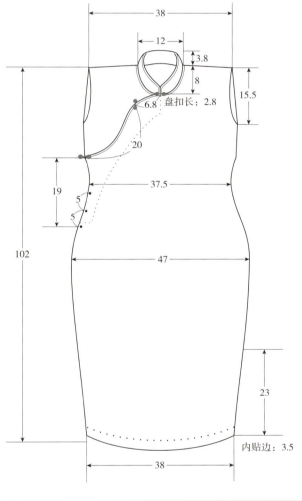

单位纹尺寸（cm）

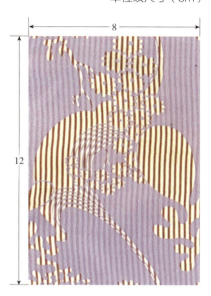

旗袍及面料、里料局部

部位参数	组织	材料		密度（根/cm）		投影（mm）	
		经向	纬向	经向	纬向	经向	纬向
面料	八枚缎反织	真丝	真丝	68	32	紫色：0.015 黄色：0.015 棕色：0.03	0.015
里料	平纹（绢）	真丝	真丝	40（S强捻）	32（S强捻）	0.03	0.035
工艺	八枚缎反织双面织锦缎						

十三、黑地漆印花无袖夹旗袍

年代： 20世纪30年代
材质： 面料真丝八枚缎，里料真丝平纹绢
尺寸： 衣长119cm，通袖长36cm，下摆宽37.5cm，袖宽17.5cm，开衩长38.5cm
纹样： 折枝花卉纹，平接布局（漆印花）
收藏： 私人收藏

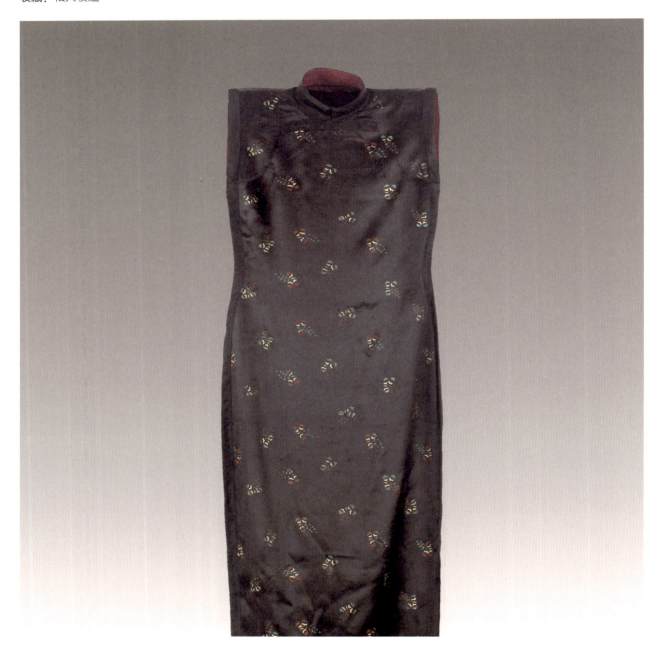

旗袍及面料局部

尺寸图（cm）

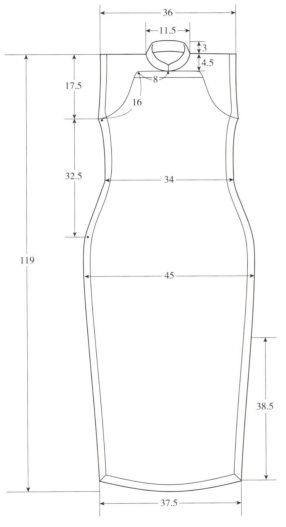

单位纹尺寸（cm）

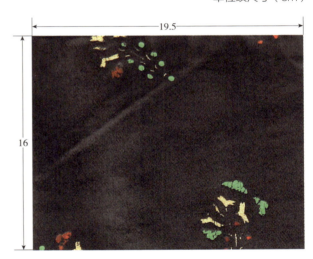

部位参数	组织	材料		密度（根/cm）		投影（mm）	
		经向	纬向	经向	纬向	经向	纬向
面料	缎纹（八枚缎）	真丝	真丝	36×4	30	0.2	0.6
里料	平纹（绢）	真丝	真丝	68	52	0.5	0.6
工艺		漆印花					

十四、黑地蝴蝶花卉纹化纤提花无袖夹旗袍

年代：20 世纪 30 年代
材质：面料化纤平纹提花，里料真丝平纹绢
尺寸：衣长 125cm，通袖长 51cm，下摆宽 46cm，袖口宽 16cm，开衩长 36cm
纹样：蝴蝶与散点花卉纹，平接布局
收藏：高建中

旗袍及面料局部

尺寸图（cm）

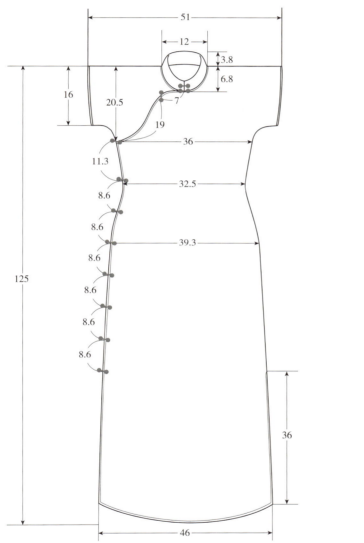

单位纹尺寸（cm）

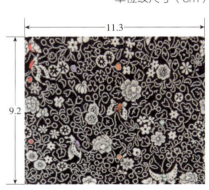

部位参数	组织	材料		密度（根/cm）		投影（mm）	
		经向	纬向	经向	纬向	经向	纬向
面料	平纹	化纤	化纤	48×2	18	1.1	0.4
里料	平纹（绢）	真丝	真丝	双重经		—	—
工艺		提花双重经加彩条					

十五、灰色地蒲公英纹印花长袖夹旗袍

年代：20世纪30年代
材质：面料真丝缎，里料真丝平纹绢
尺寸：衣长109cm，通袖长125.5cm，下摆宽43cm，袖口宽12.5cm，开衩长11.5cm
纹样：蒲公英纹，1/2接布局
收藏：私人收藏

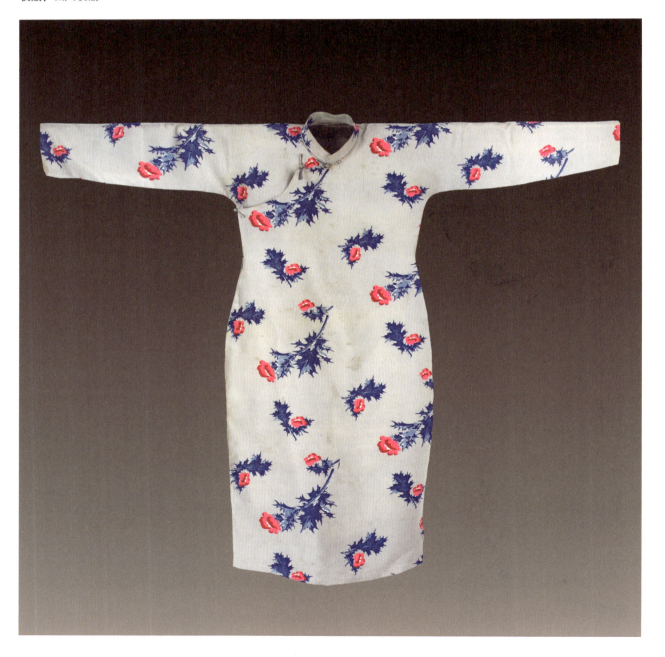

旗袍及面料、里料局部

尺寸图（cm）

125.5

14

3.5

6

33.6

20

7

12.5

17

39

18

接缝线

8.5

6

35

6

30

5.5

5.5

45.7

109

11.5

43

单位纹尺寸（cm）

25

32.5

部位 参数	组织	材料		密度（根/cm）		投影（mm）	
		经向	纬向	经向	纬向	经向	纬向
面料	斜纹（一上二下）	真丝	真丝	88	42	0.4	0.3
里料	平纹（绢）	真丝	真丝	—	—	—	—
工艺	印花						

十六、本色地几何纹提花纱无袖单旗袍

年代： 20世纪30年代
材质： 面料真丝平纹绉
尺寸： 衣长106cm，通袖长43cm，下摆宽46cm，袖口宽18cm，开衩长19cm
纹样： 山水花卉纹、条纹，平接布局
收藏： 高建中

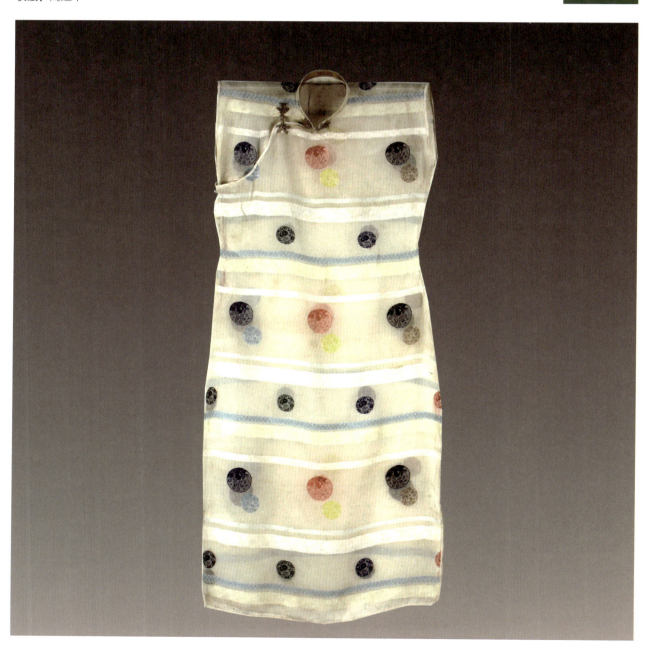

尺寸图（cm）

单位纹尺寸（cm）

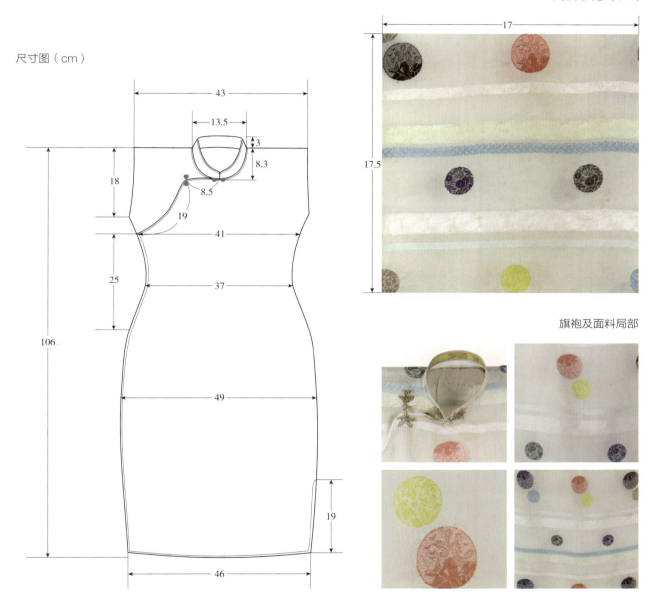

旗袍及面料局部

部位 参数	组织	材料		密度（根/cm）		投影（mm）	
		经向	纬向	经向	纬向	经向	纬向
面料	平纹（绉纱）	真丝	真丝	54	40	0.3	地：0.3 纹：1.5
工艺	提花						

第三节

20世纪40年代旗袍图像实录

一、粉红地提花织锦缎长袖衬毡夹旗袍

年代： 20世纪40年代
材质： 面料真丝、人造丝提花，里料真丝平纹绢
尺寸： 衣长108cm，通袖长135cm，下摆宽48cm，袖口宽12cm，开衩长13cm
纹样： 花卉纹，平接布局
收藏： 高建中

尺寸图（cm）

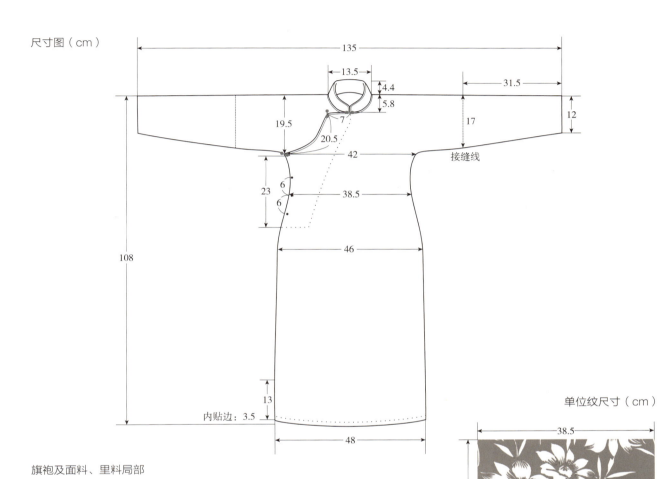

单位纹尺寸（cm）

旗袍及面料、里料局部

部位参数	组织	材料		密度（根/cm）		投影（mm）	
		经向	纬向	经向	纬向	经向	纬向
面料	七枚缎	真丝	人造丝	126	40	0.015	0.02
里料	平纹（绢）	真丝	真丝	92	50	0.01	0.15
工艺	提花（夹层：羊毛毡）						

二、粉地牡丹菊花纹织锦缎镶边长袖旗袍

年代： 20世纪40年代

材质： 面料人造丝提花，里料棉布

尺寸： 衣长140cm，通袖长134.5cm，下摆宽35.5cm，袖口宽12cm，开衩长59.5cm

纹样： 牡丹纹，平接布局

收藏： 私人收藏

尺寸图（cm）

单位纹尺寸（cm）

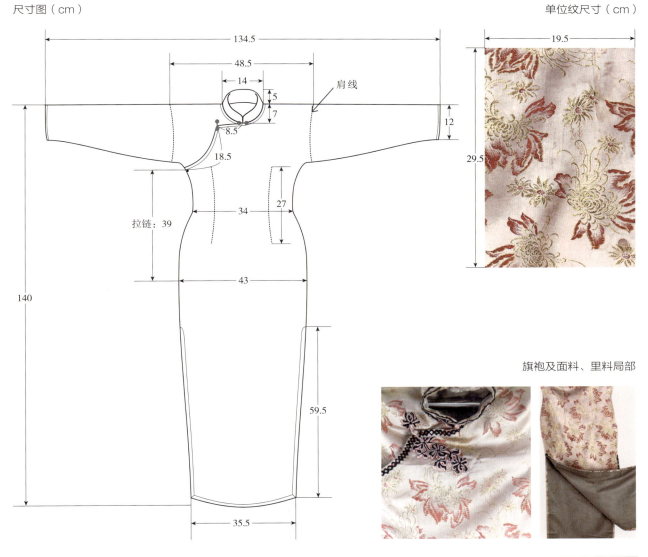

肩线

拉链：39

旗袍及面料、里料局部

部位参数	组织	材料		密度（根/cm）		投影（mm）	
		经向	纬向	经向	纬向	经向	纬向
面料	三上一下斜纹	人造丝	人造丝	80	20	0.7	金线：1.2 纬：1.2
里料	三上一下	棉	棉	14×4	26	0.9	1.5
工艺	提花织锦镶边加片金						

三、金地菊花提花缎长袖衬呢夹旗袍

年代： 20世纪40年代
材质： 面料真丝提花缎，里料真丝平纹绢
尺寸： 衣长114.5cm，通袖长135.5cm，下摆宽44.5cm，袖口宽9cm，开衩长26cm
纹样： 菊花纹，平接布局
收藏： 私人收藏

单位纹尺寸（cm）

尺寸图（cm）

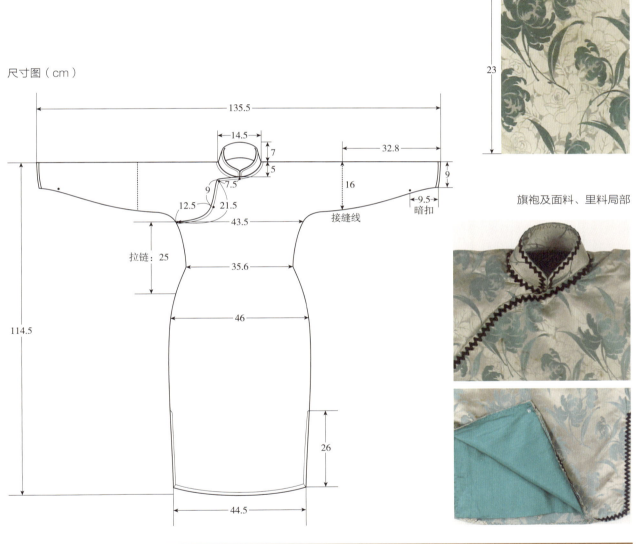

旗袍及面料、里料局部

部位 参数	组织	材料		密度（根/cm）		投影（mm）	
		经向	纬向	经向	纬向	经向	纬向
面料	八枚缎	真丝	真丝	（双根）64×2	24	0.5	1.5
里料	平纹（绢）	真丝	真丝	—	—	—	—
工艺	提花（夹层：呢子）						

四、紫红地龙纹提花缎长袖衬毡夹旗袍

年代： 20世纪40年代

材质： 面料真丝提花缎，里料真丝平纹绢

尺寸： 衣长108.5cm，通袖长134.5cm，下摆宽43cm，袖口宽9cm，开衩长19cm

纹样： 云龙纹，平接布局

收藏： 私人收藏

单位纹尺寸（cm）

尺寸图（cm）

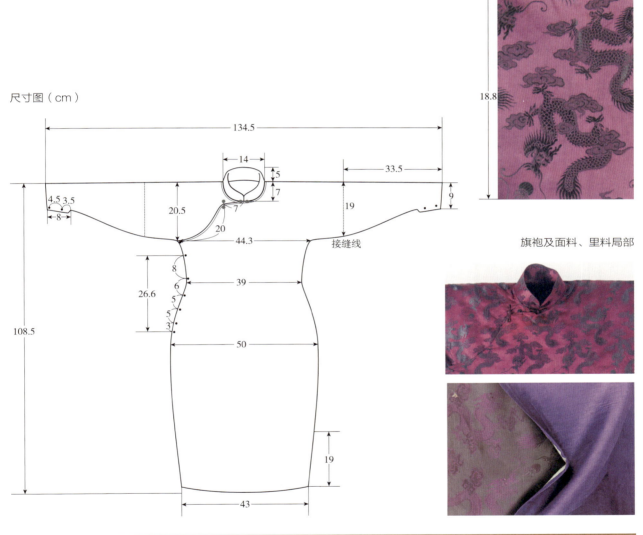

旗袍及面料、里料局部

部位 参数	组织	材料		密度（根/cm）		投影（mm）	
		经向	纬向	经向	纬向	经向	纬向
面料	七枚缎	真丝	真丝	126	48	0.5	地：1.4 纹：1.4
里料	平纹（绢）	真丝	真丝	—	—	—	—
工艺	提花（夹层：羊毛毡）						

五、藕灰地花叶纹提花缎长袖旗袍

年代： 20世纪40年代
材质： 面料真丝提花缎，里料真丝平纹绢
尺寸： 衣长124cm，通袖长130cm，下摆宽36.5cm，袖口宽12.5cm，开衩长33cm
纹样： 花叶纹，平接布局
收藏： 私人收藏

旗袍及面料局部

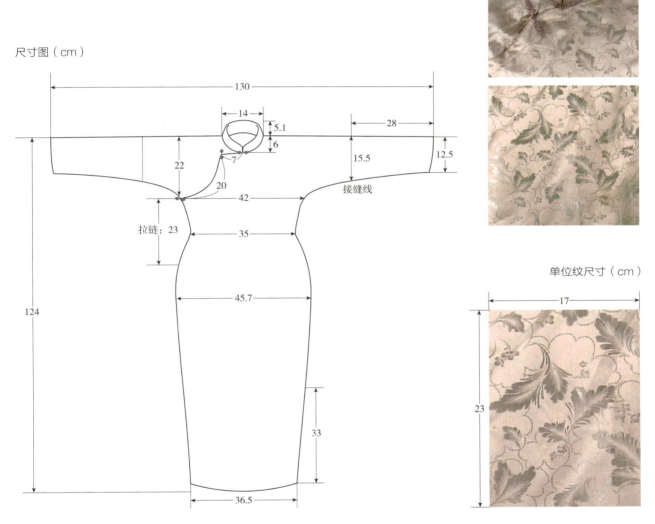

尺寸图（cm）

单位纹尺寸（cm）

部位 参数	组织	材料		密度（根/cm）		投影（mm）	
		经向	纬向	经向	纬向	经向	纬向
面料	八枚缎	真丝	真丝	64×2	54	0.3	1.1
里料	平纹（绢）	真丝	真丝	—	—	—	—
工艺	提花						

六、玫红地孔雀茶花纹织锦缎长袖夹旗袍

年代： 20世纪40年代
材质： 面料真丝、人造丝提花缎，里料真丝平纹绢
尺寸： 衣长102cm，通袖长130cm，下摆宽44.5cm，袖口宽10cm，开衩长16cm
纹样： 孔雀茶花纹，平接布局
收藏： 高建中

单位纹尺寸（cm）

尺寸图（cm）

旗袍及面料、里料局部

部位 参数	组织	材料		密度（根/cm）		投影（mm）	
		经向	纬向	经向	纬向	经向	纬向
面料	七枚缎	真丝	人造丝	78	56	0.01	0.02
里料	平纹（绢）	真丝	真丝	32	32	—	—
工艺	提花（夹层：梭织羊毛）						

七、湖蓝地卷叶纹提花缎长袖夹旗袍

年代： 20世纪40年代
材质： 面料真丝提花缎，里料真丝平纹绢
尺寸： 衣长112.5cm，通袖长134cm，下摆宽37cm，袖口宽8cm，开衩长30cm
纹样： 卷叶文，平接布局
收藏： 私人收藏

旗袍及面料、里料局部

尺寸图（cm）

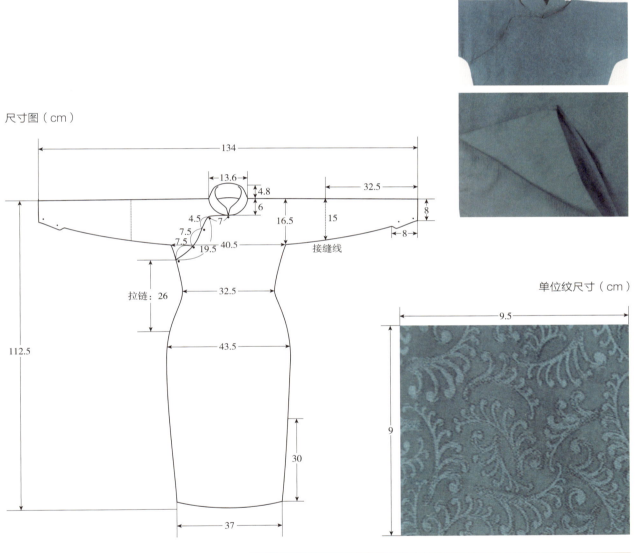

单位纹尺寸（cm）

部位参数	组织	材料		密度（根/cm）		投影（mm）	
		经向	纬向	经向	纬向	经向	纬向
面料	斜三上一下	真丝	真丝	90	30	0.3	0.6
里料	平纹（绢）	真丝	真丝	—	—	—	—
工艺	提花+面料反用						

八、粉色地茶花纹提花缎长袖夹旗袍

年代： 20 世纪 40 年代
材质： 面料真丝提花缎，里料真丝平纹绢
尺寸： 衣长 126cm，通袖长 140cm，下摆宽 42cm，袖口宽 13.5cm，开衩长 35cm
纹样： 茶花纹，平接布局
收藏： 私人收藏

旗袍及面料局部

单位纹尺寸（cm）

尺寸图（cm）

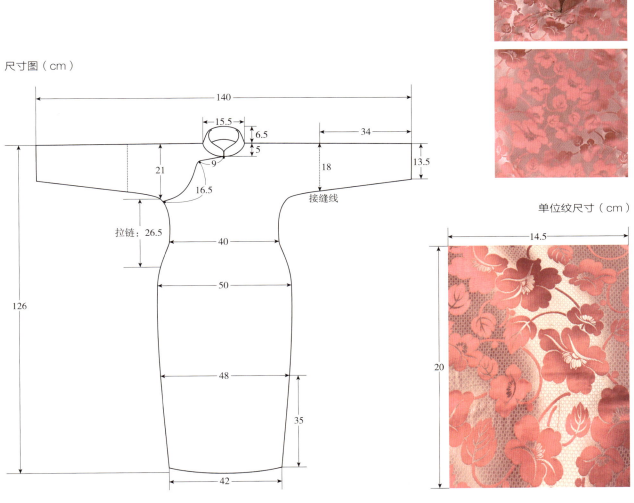

部位参数	组织	材料		密度（根/cm）		投影（mm）	
		经向	纬向	经向	纬向	经向	纬向
面料	八枚缎	真丝	真丝	114	28	0.2	甲：0.8 乙：1
里料	平纹（绢）	真丝	真丝	—	—	—	—
工艺	提花						

九、紫地方格纹提花缎长袖夹旗袍

年代： 20世纪40年代

材质： 面料真丝提花缎，里料真丝平纹绢

尺寸： 衣长118cm，通袖长141cm，下摆宽43cm，袖口宽9.5cm，开衩长31cm

纹样： 彩格纹，平接布局

收藏： 私人收藏

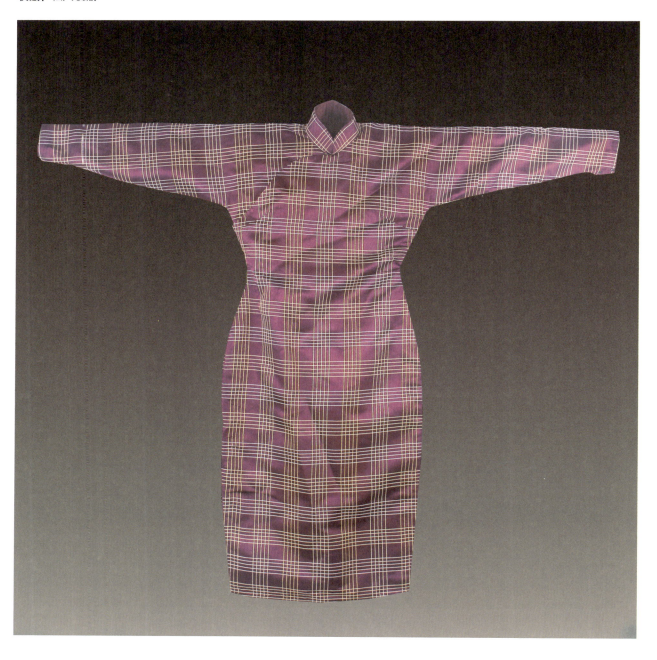

旗袍及面料、里料局部

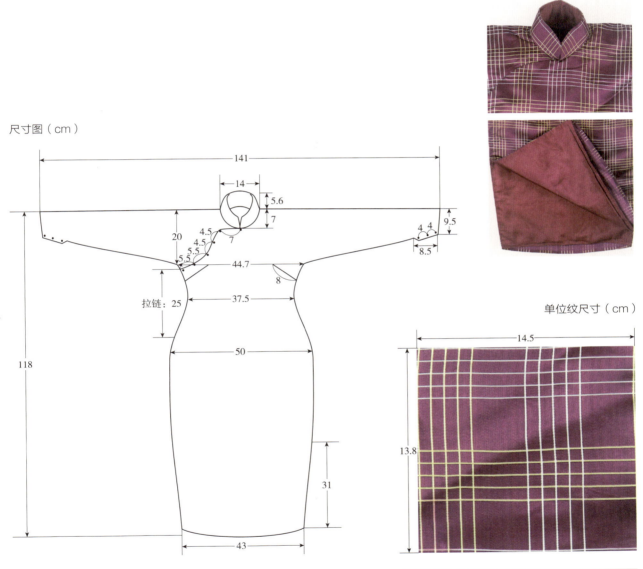

尺寸图（cm）

单位纹尺寸（cm）

部位参数	组织	材料		密度（根/cm）		投影（mm）	
		经向	纬向	经向	纬向	经向	纬向
面料	七枚缎	真丝	真丝	135	36	—	—
里料	平纹（绢）	真丝	真丝	—	—	—	—
工艺	彩条提花（夹层：丝绵）						

十、红地提花缎加印花长袖衬毡夹旗袍

年代： 20世纪40年代

材质： 面料真丝提花缎，里料真丝平纹绢

尺寸： 衣长130cm，通袖长147cm，下摆宽46cm，袖口宽15.5cm，开衩长36cm

纹样： 满地花卉纹，1/2接布局

收藏： 私人收藏

旗袍及面料、里料局部

尺寸图（cm）

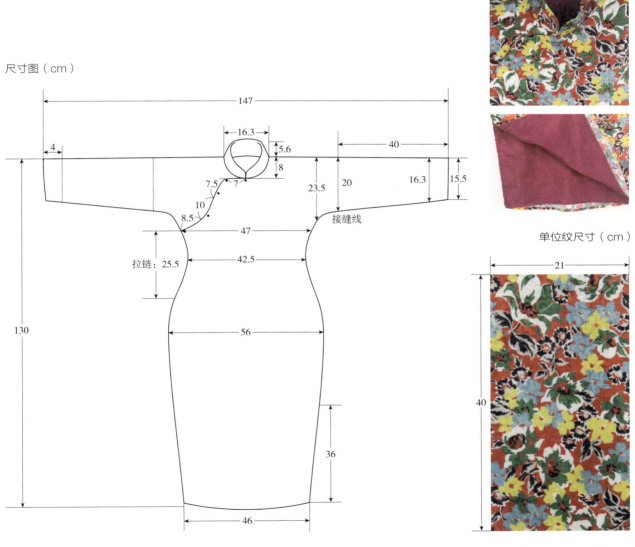

单位纹尺寸（cm）

部位参数	组织	材料		密度（根/cm）		投影（mm）	
		经向	纬向	经向	纬向	经向	纬向
面料	八枚缎	真丝	真丝	18×4	40	0.40	1.2
里料	平纹（绢）	真丝	真丝	—	—	—	—
工艺		提花+印花（夹层：羊毛毡）					

十一、紫红地重瓣团花纹提花绸长袖旗袍

年代： 20世纪40年代
材质： 面料真丝提花绸，里料平纹棉布
尺寸： 衣长98cm，通袖长133cm，下摆宽48cm，袖口宽10cm，开衩长14cm
纹样： 重瓣团花纹，平接布局
收藏： 笔者收藏

旗袍及面料局部

尺寸图（cm）

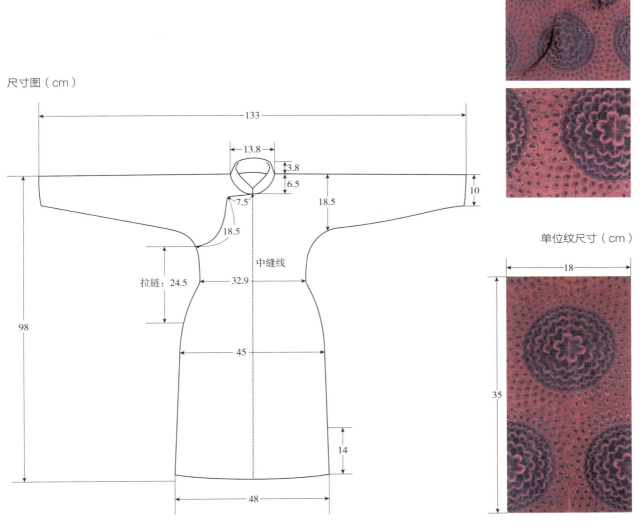

单位纹尺寸（cm）

部位参数	组织	材料		密度（根/cm）		投影（mm）	
		经向	纬向	经向	纬向	经向	纬向
面料	平纹	真丝	真丝	34	30	0.05	0.02
里料	平纹	棉	棉	28	28	0.15	0.2
工艺	提花						

十二、玫红地连缀卷草纹提花缎长袖衬毡夹旗袍

年代：20世纪40年代

材质：面料真丝提花缎，里料真丝平纹绢

尺寸：衣长109.5cm，通袖长136cm，下摆宽46cm，袖口宽9.5cm，开衩长13cm

纹样：连缀卷草纹，平接布局

收藏：私人收藏

旗袍及面料、里料局部

尺寸图（cm）

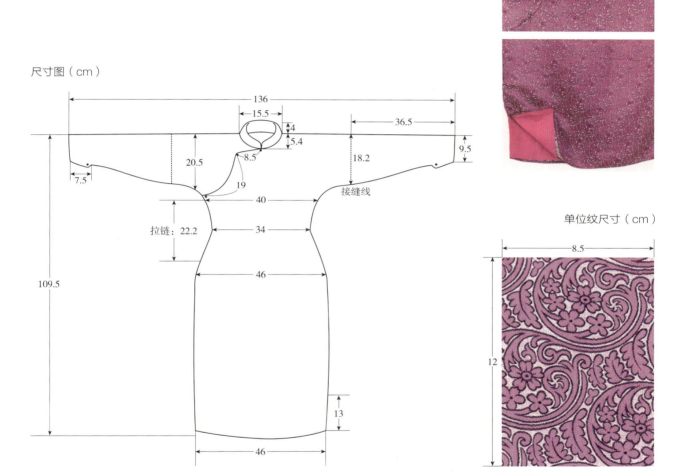

单位纹尺寸（cm）

部位参数	组织	材料		密度（根/cm）		投影（mm）	
		经向	纬向	经向	纬向	经向	纬向
面料	八枚缎	真丝	真丝	136	30	0.6	地纬：1.5 彩纬：1.5
里料	平纹（绢）	真丝	真丝	—	—	—	—
工艺	提花（夹层：羊毛毡）						

十三、翠绿地平纹呢长袖夹旗袍

年代：20世纪40年代
材质：面料毛呢，里料真丝平纹绢
尺寸：衣长115cm，通袖长136cm，下摆宽39.5cm，袖口宽12.8cm，开衩长26.5cm
收藏：私人收藏

尺寸图（cm）

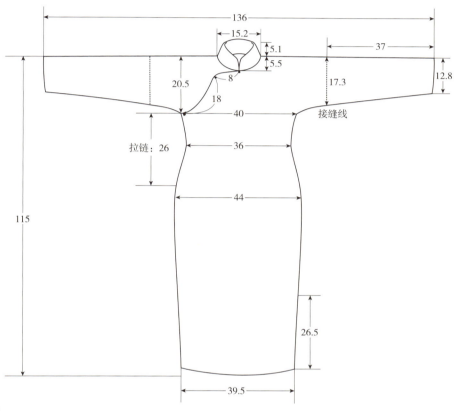

旗袍及面料、里料局部

部位参数	组织	材料		密度（根/cm）		投影（mm）	
		经向	纬向	经向	纬向	经向	纬向
面料	平纹	羊毛	羊毛	16	15	1.5	2
里料	平纹（绢）	真丝	真丝	—	—	—	—
工艺	梭织羊毛						

十四、黑地朵花纹压花绒中袖旗袍

年代： 20 世纪 40 年代

材质： 面料真丝、人造丝长毛绒，里料真丝平纹绢

尺寸： 衣长 124cm，通袖长 96cm，下摆宽 50cm，袖口宽 16cm，开衩长 26cm

纹样： 散点朵花纹，平接布局

收藏： 私人收藏

单位纹尺寸（cm）

尺寸图（cm）

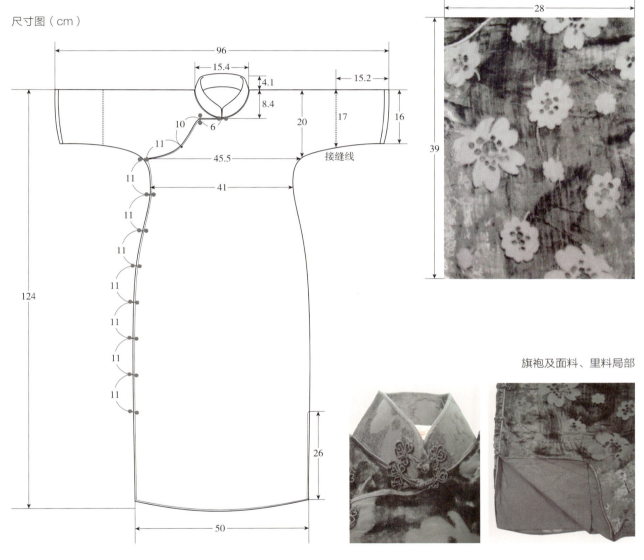

旗袍及面料、里料局部

部位 参数	组织	材料		密度（根/cm）		投影（mm）	
		经向	纬向	经向	纬向	经向	纬向
面料	重平纹	真丝	人造丝	甲：52 乙：52	甲：40 乙：40	0.5	0.5
里料	平纹（绢）	真丝	真丝	—	—	—	—
工艺	长毛绒						

十五、黑地几何纹压花丝绒长袖夹旗袍

年代：20世纪40年代
材质：面料真丝天鹅绒，里料真丝平纹绢
尺寸：衣长116.5cm，通袖长141.5cm，下摆宽51cm，袖口宽13.5cm，开衩长30cm
纹样：连缀卷草纹，平接布局
收藏：私人收藏

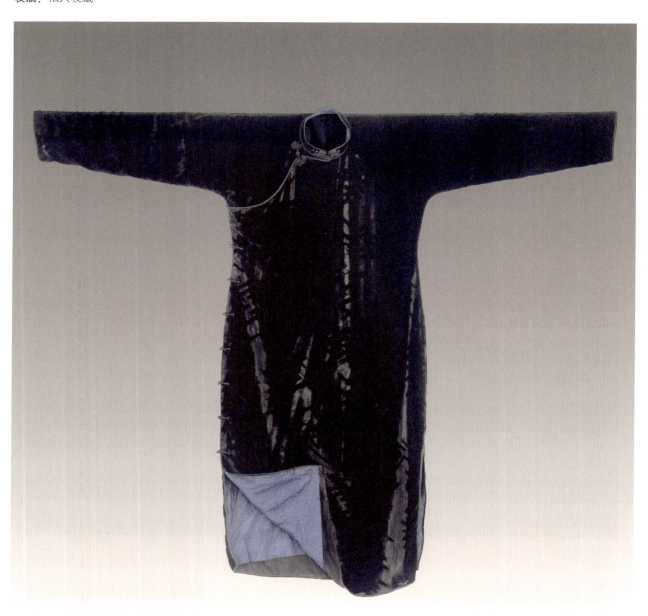

旗袍及面料局部

尺寸图（cm）

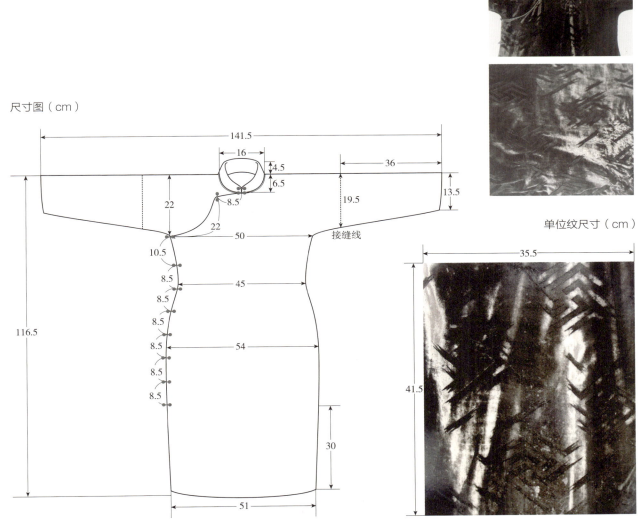

接缝线

单位纹尺寸（cm）

部位参数	组织	材料		密度（根/cm）		投影（mm）	
		经向	纬向	经向	纬向	经向	纬向
面料	天鹅绒	真丝	真丝	40	60	甲、乙：0.17 绒：0.5	0.1
里料	平纹（绢）	真丝	真丝	—	—	—	—
工艺	压花						

十六、黑地玫瑰纹天鹅绒印花长袖旗袍

年代： 20世纪40年代

材质： 面料真丝天鹅绒，里料斜纹绢

尺寸： 衣长109cm，通袖长132cm，下摆宽43cm，袖口宽9.5cm，开衩长28cm

纹样： 玫瑰纹，平接布局

收藏： 私人收藏

旗袍及面料局部

尺寸图（cm）

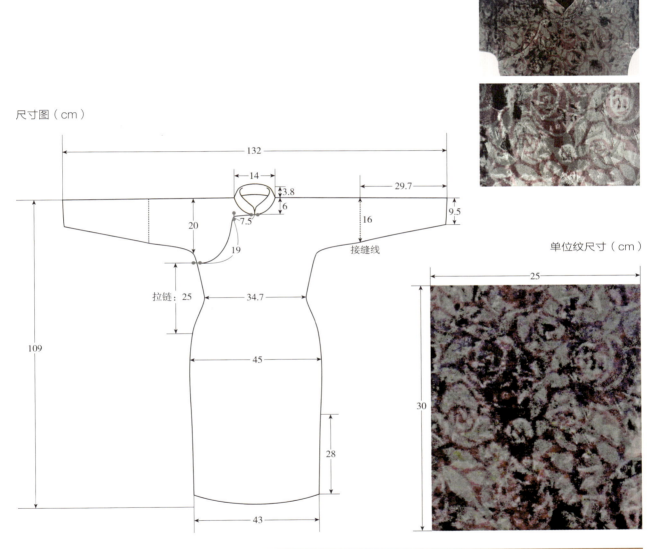

单位纹尺寸（cm）

部位参数	组织	材料		密度（根/cm）		投影（mm）	
		经向	纬向	经向	纬向	经向	纬向
面料	经平纹	真丝	真丝	36×2　绒经：36　地经：36	36	绒经：36　地经：36	0.4
里料	斜纹	真丝	真丝	26×2	52	0.8	0.8
工艺	天鹅绒印花						

十七、玫红地金鱼纹贴布绣毛呢长袖夹旗袍

年代： 20世纪40年代
材质： 面料毛呢，里料真丝平纹绢
尺寸： 衣长119cm，通袖长137cm，下摆宽45cm，袖口宽9cm，开衩长26cm
纹样： 金鱼莲花纹，二方连续布局
收藏： 高建中

旗袍及面料、里料局部

尺寸图（cm）

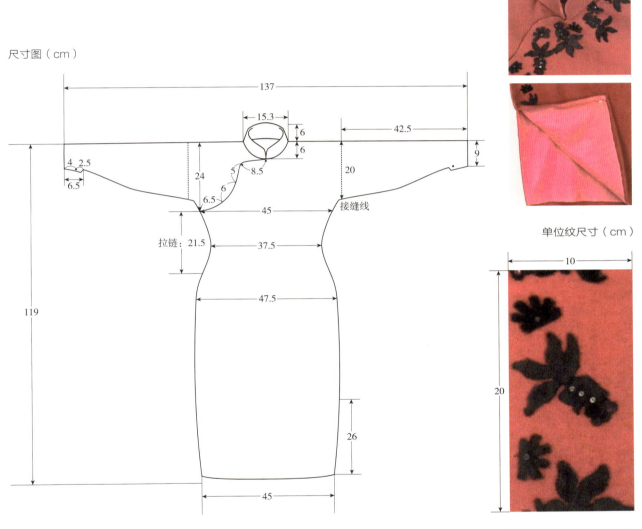

单位纹尺寸（cm）

部位参数	组织	材料		密度（根/cm）		投影（mm）	
		经向	纬向	经向	纬向	经向	纬向
面料	人字斜纹（二上一下）	羊毛	羊毛	10	10	2	2
里料	平纹（绢）	真丝	真丝	44	36	0.8	1.1
工艺		贴布绣					

十八、果绿地卷草方格纹印花绸长袖夹旗袍

年代： 20世纪40年代

材质： 面料真丝平纹绸，里料真丝平纹绢

尺寸： 衣长112cm，通袖长135cm，下摆宽45cm，袖口宽9cm，开衩长12cm

纹样： 卷草方格纹，平接布局

收藏： 高建中

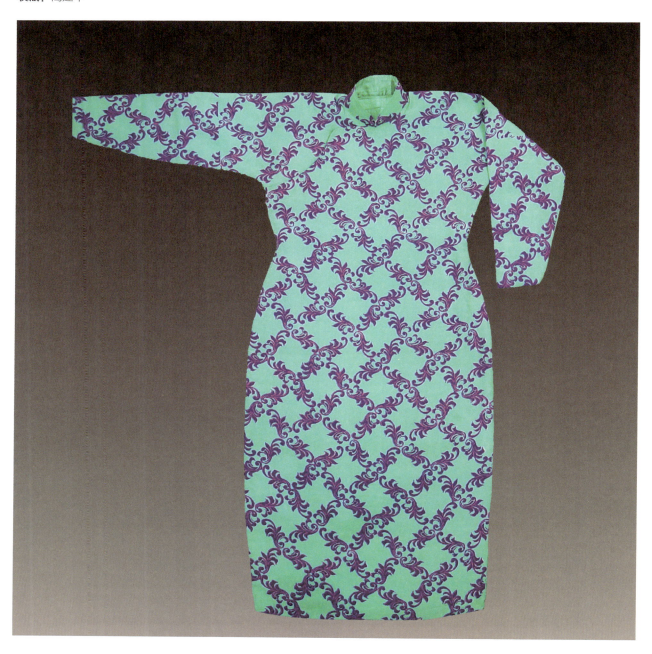

单位纹尺寸（cm）

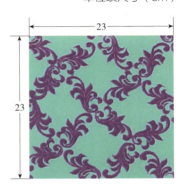

尺寸图（cm）

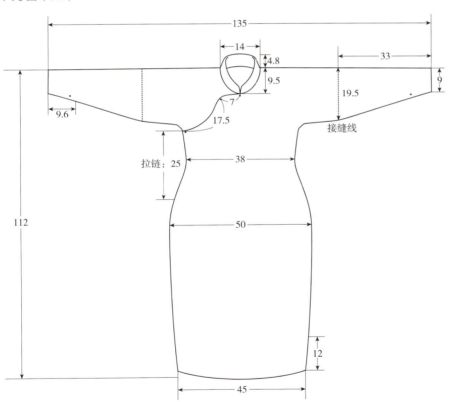

旗袍及面料、里料局部

部位参数	组织	材料		密度（根/cm）		投影（mm）	
		经向	纬向	经向	纬向	经向	纬向
面料	平纹	真丝	真丝	48（强捻）	48（强捻）	0.015	0.01
里料	平纹	真丝	真丝	92	50	0.01	0.15
工艺	印花（夹层：羊毛毡）						

十九、黑地花卉纹缎纹绸印花长袖夹旗袍

年代： 20世纪40年代

材质： 面料真丝、人造丝缎纹绸，里料真丝平纹绢

尺寸： 衣长99cm，通袖长138cm，下摆宽45cm，袖口宽8.5cm，开衩长9.5cm

纹样： 花卉纹，1/2接布局

收藏： 私人收藏

旗袍及面料局部

尺寸图（cm）

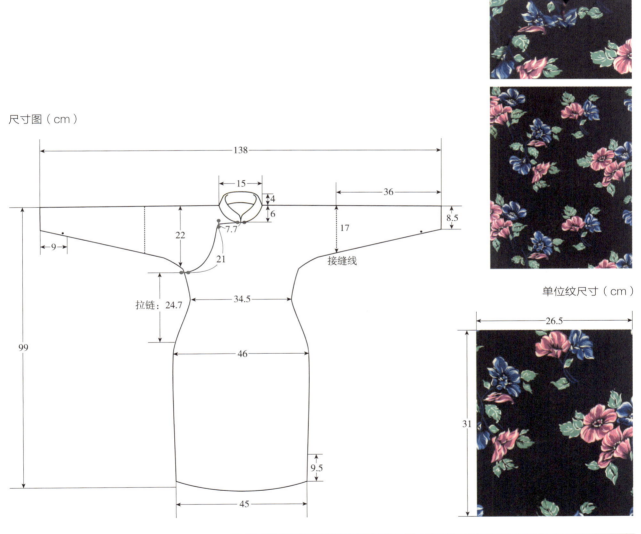

单位纹尺寸（cm）

部位 参数	组织	材料		密度（根/cm）		投影（mm）	
		经向	纬向	经向	纬向	经向	纬向
面料	缎纹	真丝	人造丝	88	44	0.4	1
里料	平纹（绢）	真丝	真丝	26×2	17×2	0.8	1
工艺	印花						

二十、黑地几何纹印花缎长袖旗袍

年代： 20世纪40年代

材质： 面料真丝缎纹绸，里料真丝平纹绢

尺寸： 衣长104.5cm，通袖长123cm，下摆宽43cm，袖口宽11cm，开衩长10.5cm

纹样： 几何纹，平接布局

收藏： 私人收藏

旗袍及面料局部

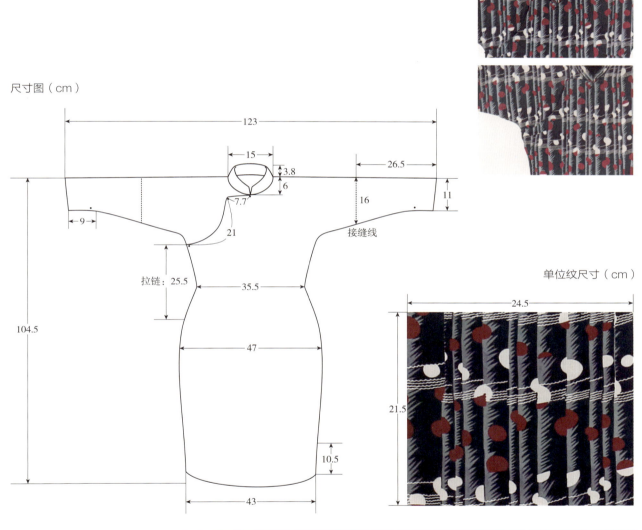

尺寸图（cm）

单位纹尺寸（cm）

部位参数	组织	材料		密度（根/cm）		投影（mm）	
		经向	纬向	经向	纬向	经向	纬向
面料	缎纹	真丝	真丝	48	32	0.9	0.5
里料	平纹（绢）	真丝	真丝	52	34	0.8	0.9
工艺	印花						

二十一、紫地玫瑰纹印花缎长袖夹旗袍

年代： 20世纪40年代

材质： 面料真丝缎纹，里料真丝平纹绢

尺寸： 衣长103.5cm，通袖长134cm，下摆宽42.5cm，袖口宽11.5cm，开衩长9.5cm

纹样： 清地玫瑰纹，1/2接布局

收藏： 笔者收藏

旗袍及面料局部

尺寸图（cm）

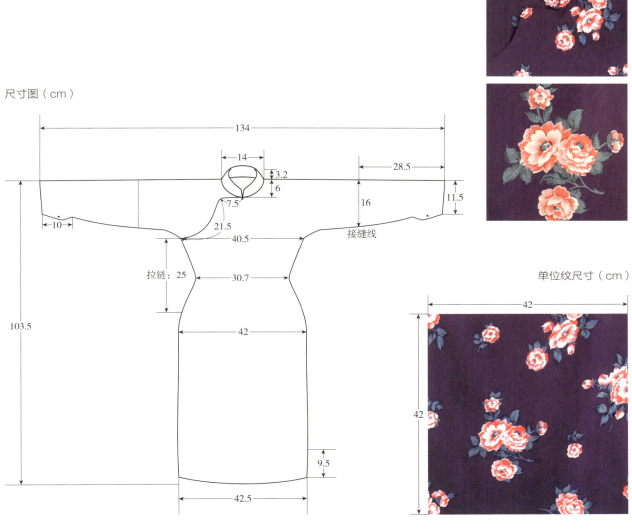

单位纹尺寸（cm）

部位 参数	组织	材料		密度（根/cm）		投影（mm）	
		经向	纬向	经向	纬向	经向	纬向
面料	五枚缎	真丝	真丝	17×5	50	0.05	0.1
里料	平纹（绢）	真丝	真丝	52	36	0.1	0.1
工艺	印花						

二十二、蓝地月季花纹印花缎长袖夹旗袍

年代： 20世纪40年代

材质： 面料真丝缎，里料真丝平纹绢

尺寸： 衣长110cm，通袖长121.5cm，下摆宽36cm，袖口宽8cm，开衩长30cm

纹样： 散点月季花纹，1/2接布局

收藏： 私人收藏

旗袍及面料、里料局部

尺寸图（cm）

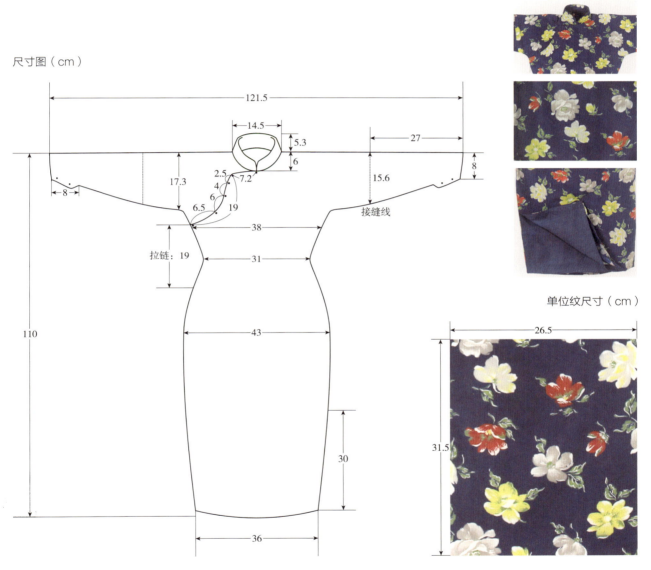

单位纹尺寸（cm）

部位 参数	组织	材料		密度（根/cm）		投影（mm）	
		经向	纬向	经向	纬向	经向	纬向
面料	六枚缎	真丝	真丝	48×6	44	0.3	0.3
里料	平纹（绢）	真丝	真丝	—	—	—	—
工艺	印花						

二十三、黑地花卉纹印花缎长袖旗袍

年代： 20世纪40年代

材质： 面料真丝缎纹，里料真丝平纹绢

尺寸： 衣长126cm，通袖长142cm，下摆宽35.5cm，袖口宽15.5cm，开衩长43cm

纹样： 花卉纹，1/2接布局

收藏： 私人收藏

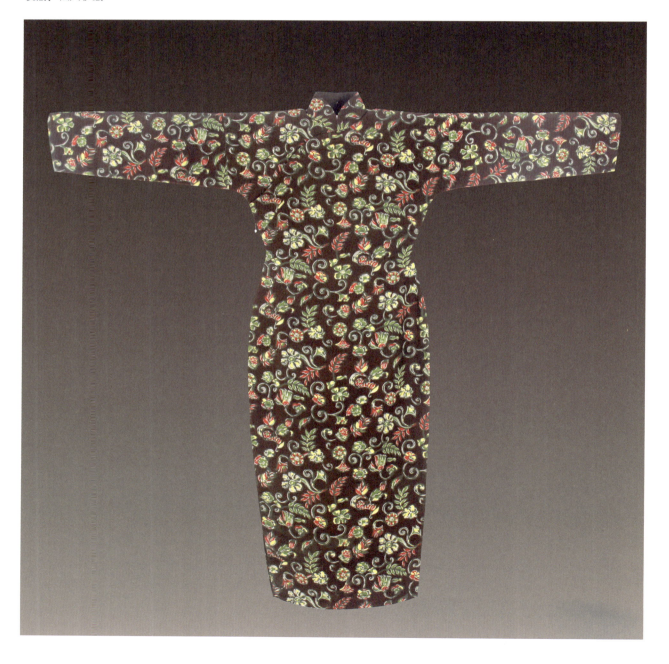

单位纹尺寸（cm）

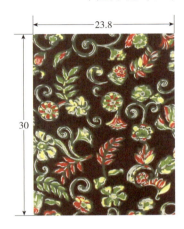

尺寸图（cm）

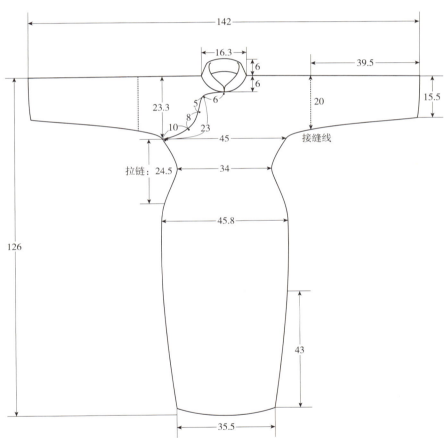

旗袍及面料、里料局部

部位参数	组织	材料		密度（根/cm）		投影（mm）	
		经向	纬向	经向	纬向	经向	纬向
面料	八枚缎纹	真丝	真丝	102	48	0.1	0.4
里料	平纹（绢）	真丝	真丝	48	40	1	0.5
工艺		印花（夹层：羊毛毡）					

二十四、黑地叶纹印花绸长袖衬毡夹旗袍

年代： 20世纪40年代

材质： 面料真丝平纹绸，里料真丝平纹绢

尺寸： 衣长106cm，通袖长139cm，下摆宽45.5cm，袖口宽10.5cm，开衩长13.5cm

纹样： 散点叶纹，1/2接布局

收藏： 私人收藏

尺寸图（cm）

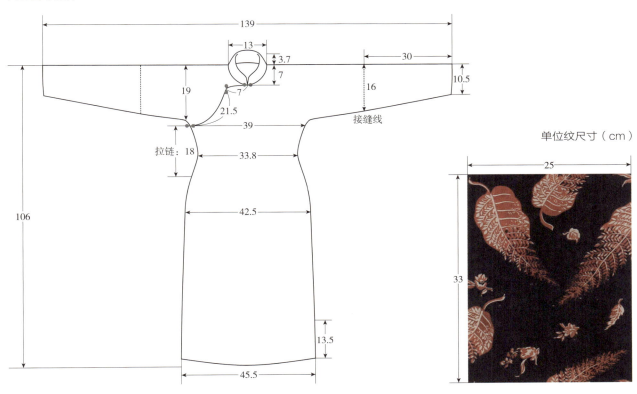

单位纹尺寸（cm）

旗袍及面料、里料局部

部位参数	组织	材料		密度（根/cm）		投影（mm）	
		经向	纬向	经向	纬向	经向	纬向
面料	平纹	真丝	真丝	40	36	1	0.7
里料	平纹（绢）	真丝	真丝	—	—	—	—
工艺	提花+印花（夹层：羊毛毡）						

二十五、黑地虞美人纹印花绉长袖衬毡夹旗袍

年代：20世纪40年代

材质：面料真丝缎纹，里料真丝平纹绢

尺寸：衣长110.5cm，通袖长144cm，下摆宽52cm，袖口宽9cm，开衩长14cm

纹样：虞美人纹，1/2接布局

收藏：私人收藏

旗袍及面料局部

尺寸图（cm）

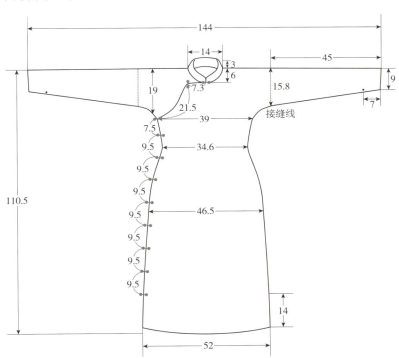

144

14

3

6

45

19

7.3

15.8

9

21.5

接缝线

7

39

接缝线

7.5

9.5

34.6

9.5

9.5

9.5

46.5

9.5

110.5

9.5

9.5

9.5

14

52

单位纹尺寸（cm）

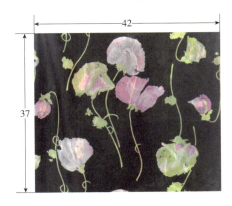

42

37

部位 参数	组织	材料		密度（根/cm）		投影（mm）	
		经向	纬向	经向	纬向	经向	纬向
面料	六枚缎	真丝	真丝	104	50	0.1	0.3
里料	平纹（绢）	真丝	真丝	—	—	—	—
工艺	印花（夹层：羊毛毡）						

二十六、黑地折枝花卉纹印花缎长袖旗袍

年代： 20世纪40年代
材质： 面料真丝缎，里料真丝平纹绢
尺寸： 衣长116cm，通袖长144cm，下摆宽42.5cm，袖口宽10cm，开衩长15cm
纹样： 折枝花卉纹，1/2接布局
收藏： 笔者收藏

旗袍及面料局部

尺寸图（cm）

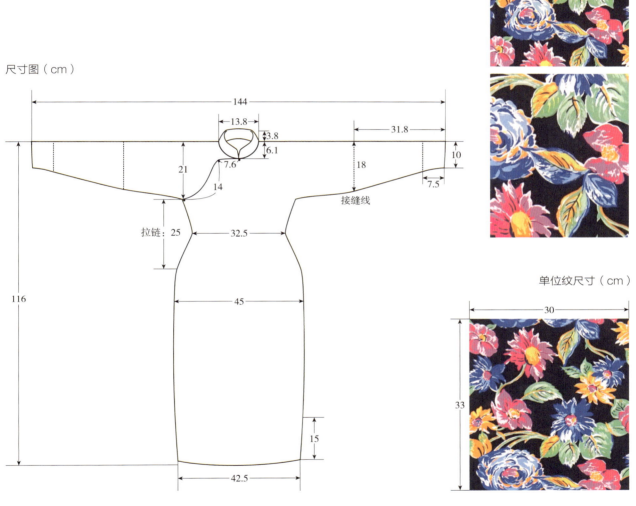

单位纹尺寸（cm）

部位参数	组织	材料		密度（根/cm）		投影（mm）	
		经向	纬向	经向	纬向	经向	纬向
面料	缎纹	真丝	真丝	72	48	0.1	0.2
里料	平纹（绢）	真丝	真丝	48	32	0.1	0.2
工艺	印花						

二十七、黄绿地折枝花卉纹印花斜纹绸长袖旗袍

年代： 20世纪40年代
材质： 面料真丝斜纹绸，里料真丝平纹绢
尺寸： 衣长99cm，通袖长135.5cm，下摆宽42.5cm，袖口宽8cm，开衩长9.5cm
纹样： 清地花卉纹，1/2接布局
收藏： 私人收藏

尺寸图（cm）

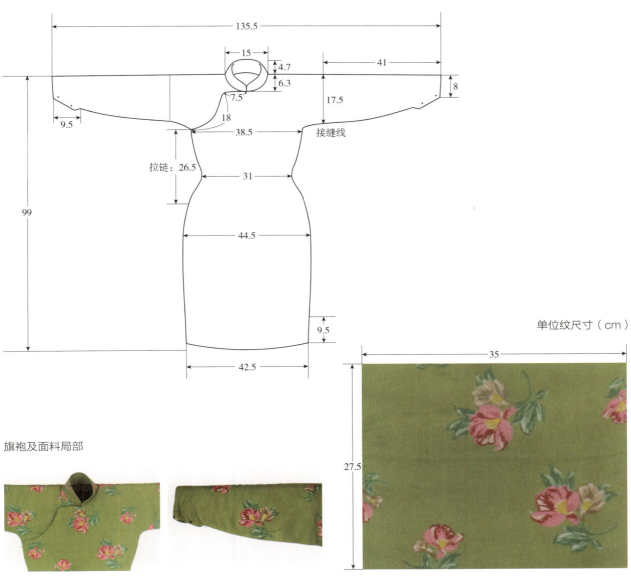

单位纹尺寸（cm）

旗袍及面料局部

部位参数	组织	材料		密度（根/cm）		投影（mm）	
		经向	纬向	经向	纬向	经向	纬向
面料	变化斜纹	真丝	真丝	50	50	0.8	0.8
里料	平纹（绢）	真丝	真丝	—	—	—	—
工艺	印花						

二十八、蓝地贝壳纹印花绸长袖旗袍

年代： 20世纪40年代
材质： 面料绫纹绸，里料真丝平纹绢
尺寸： 衣长117cm，通袖长137cm，下摆宽40cm，袖口宽8.8cm，开衩长22cm
纹样： 贝壳纹，平接布局
收藏： 笔者收藏

旗袍及面料局部

尺寸图（cm）

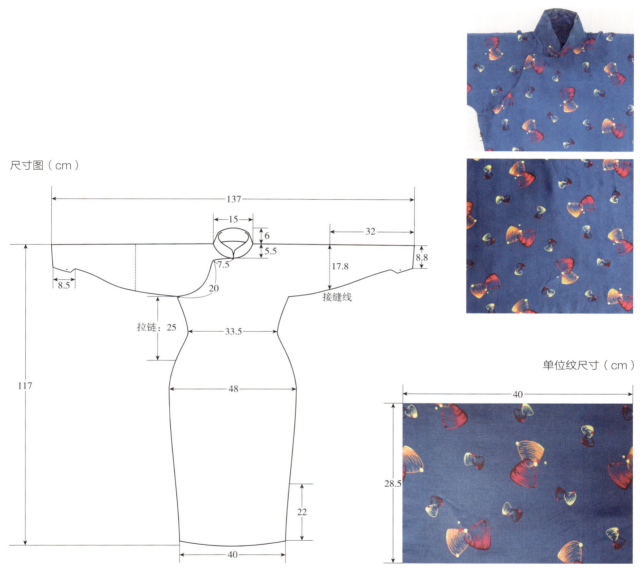

单位纹尺寸（cm）

部位参数	组织	材料		密度（根/cm）		投影（mm）	
		经向	纬向	经向	纬向	经向	纬向
面料	五枚缎	真丝	真丝	115	48	0.1	0.2
里料	平纹（绢）	真丝	真丝	52	40	0.15	0.15
工艺	印花						

二十九、深褐地花卉纹印花绸长袖旗袍

年代：20世纪40年代

材质：面料真丝平纹绸，里料真丝平纹绢

尺寸：衣长⌒05cm，通袖长141cm，下摆宽44cm，袖口宽9.5cm，开衩长10cm

纹样：满地花卉纹，1/2接布局

收藏：笔者收藏

旗袍及面料局部

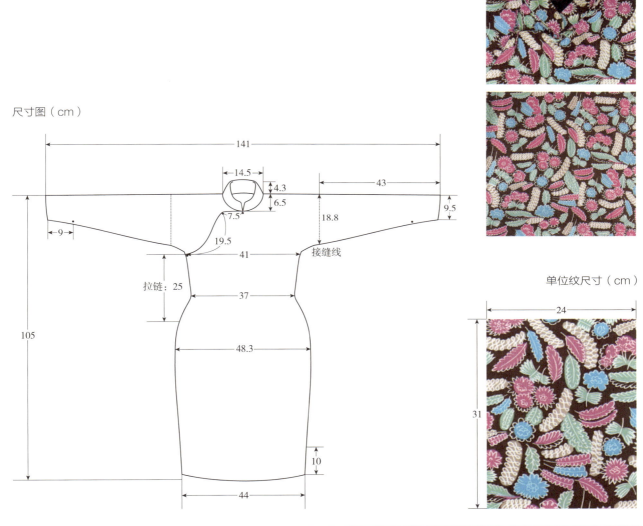

尺寸图（cm）

单位纹尺寸（cm）

部位 参数	组织	材料		密度（根/cm）		投影（mm）	
		经向	纬向	经向	纬向	经向	纬向
面料	平纹	真丝	真丝	66	46	0.1	0.2
里料	平纹	真丝	真丝	48	36	0.15	0.15
工艺	印花						

三十、玫红地牡丹纹印花绸长袖旗袍

年代： 20世纪40年代

材质： 面料真丝平纹绸，里料真丝平纹绢

尺寸： 衣长107cm，通袖长135cm，下摆宽48cm，袖口宽12cm，开衩长13cm

纹样： 满地牡丹纹，平接布局

收藏： 高建中

旗袍及面料局部

尺寸图（cm）

单位纹尺寸（cm）

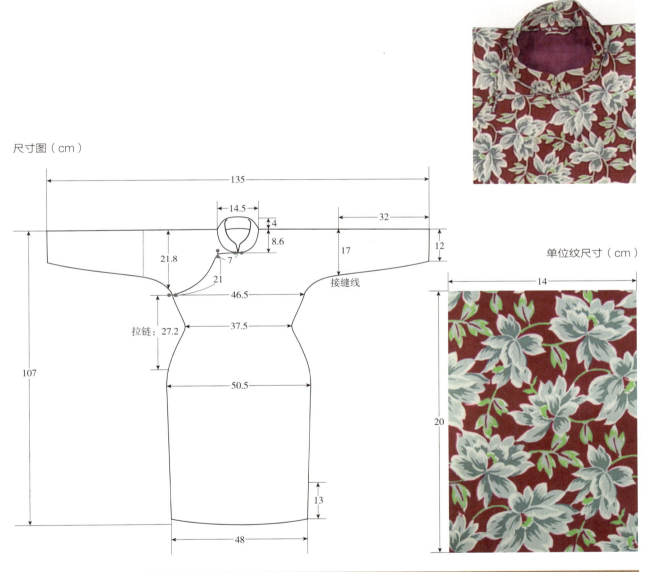

部位 参数	组织	材料		密度（根/cm）		投影（mm）	
		经向	纬向	经向	纬向	经向	纬向
面料	平纹（绸）	真丝	真丝	50（无捻）	48（强捻）	0.015	0.01
里料	平纹（绢）	真丝	真丝	50	40	0.01	0.015
工艺	印花						

三十一、玫红地朵花纹印花绸长袖夹旗袍

年代：20世纪40年代
材质：面料真丝平纹绸，里料真丝平纹绢
尺寸：衣长96cm，通袖长135cm，下摆宽42.5cm，袖口宽8cm，开衩长9.5cm
纹样：满地朵花纹，平接布局
收藏：私人收藏

旗袍及面料局部

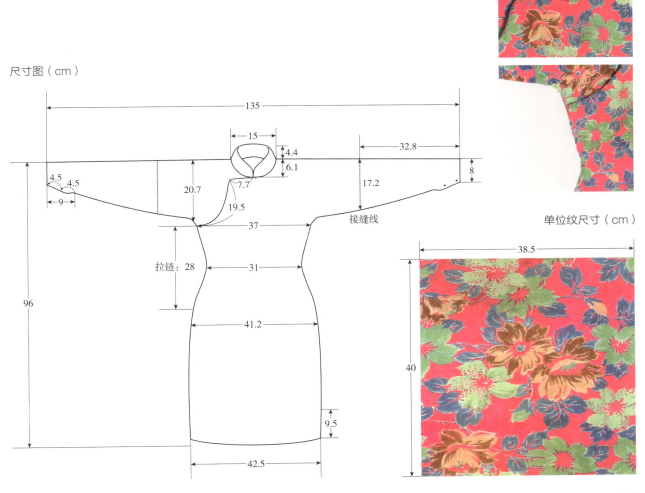

尺寸图（cm）

单位纹尺寸（cm）

部位 参数	组织	材料		密度（根/cm）		投影（mm）	
		经向	纬向	经向	纬向	经向	纬向
面料	平纹（绸）	真丝	真丝	48	48	0.7	0.5
里料	平纹（绢）	真丝	真丝	26×2	18×2	0.7	0.6
工艺	印花（夹层：羊毛毡）						

三十二、灰绿地花卉纹印花绸长袖旗袍

年代：20世纪40年代
材质：面料真丝平纹绸，里料真丝平纹绢
尺寸：衣长96cm，通袖长130cm，下摆宽41cm，袖口宽8cm，开衩长10cm
纹样：花卉纹，1/2接布局
收藏：私人收藏

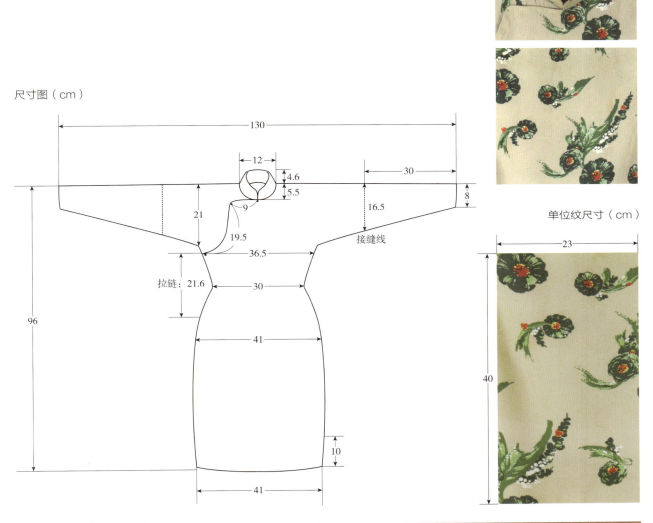

旗袍及面料局部

尺寸图（cm）

单位纹尺寸（cm）

部位 参数	组织	材料		密度（根/cm）		投影（mm）	
		经向	纬向	经向	纬向	经向	纬向
面料	重平纹（绸）	真丝	真丝	88	44	0.6	0.6×2
里料	平纹（绢）	真丝	真丝	—	—	—	—
工艺	印花						

三十三、玫红地菊花纹织锦缎长袖衬毡夹旗袍

年代： 20世纪40年代

材质： 面料真丝、人造丝提花缎，里料真丝平纹绢

尺寸： 衣长114cm，通袖长140cm，下摆宽44cm，袖口宽13.5cm，开衩长31.4cm

纹样： 菊花纹，平接布局

收藏： 私人收藏

旗袍及面料、里料局部

尺寸图（cm）

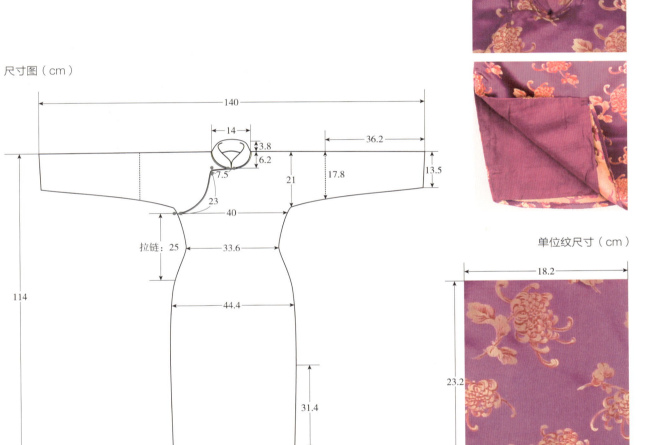

单位纹尺寸（cm）

部位 参数	组织	材料		密度（根/cm）		投影（mm）	
		经向	纬向	经向	纬向	经向	纬向
面料	十二枚缎	真丝	人造丝	8×4×3	28	0.8	地纬：0.9 彩纬：1.1
里料	平纹（绢）	真丝	真丝	24×8	24×8	0.8	0.8
工艺		提花（夹层：羊毛毡）					

三十四、紫地彩条土布长袖旗袍

年代： 20世纪40年代

材质： 面料平纹棉布，里料真丝平纹绢、斜纹绢

尺寸： 衣长98cm，通袖长131cm，下摆宽41cm，袖口宽9cm，开衩长10cm

纹样： 横条纹

收藏： 高建中

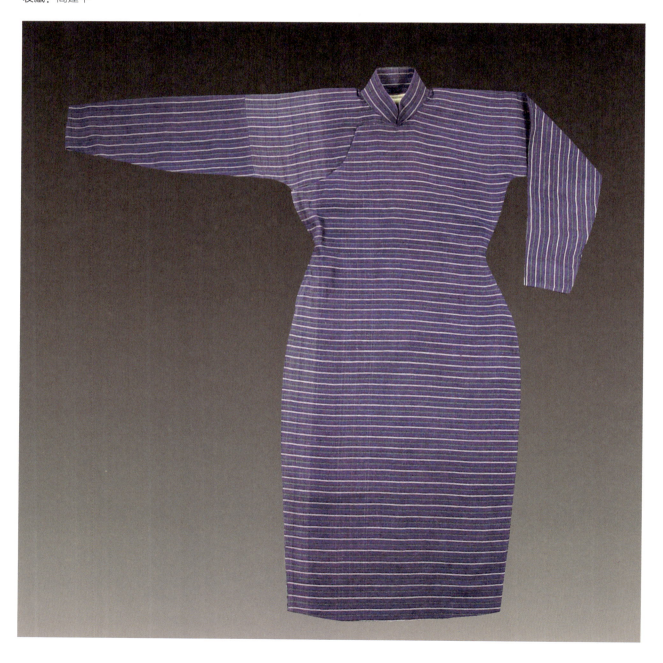

单位纹尺寸（cm）

旗袍及面料、里料局部

尺寸图（cm）

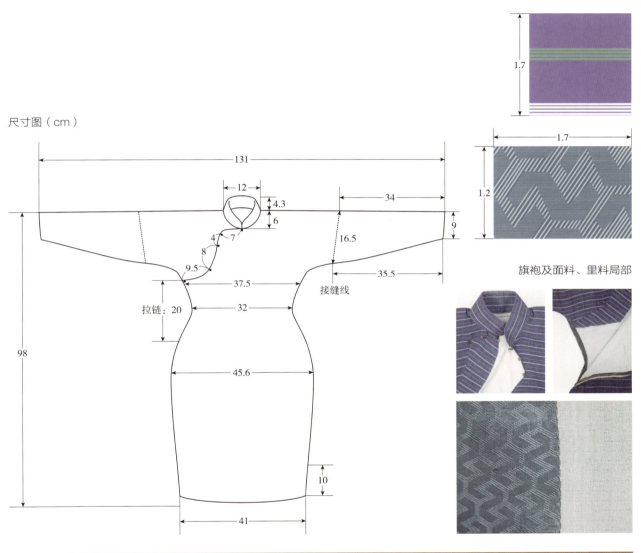

部位 参数	组织	材料		密度（根/cm）		投影（mm）	
		经向	纬向	经向	纬向	经向	纬向
面料	平纹	棉	棉	16	10	0.04	紫：0.02 绿/白：0.03
里料	平纹（白） 斜纹1/3 （灰）	真丝 真丝	真丝 真丝	88 38	46 38	0.015 0.015	0.01 0.015
工艺	色织						

三十五、粉红地菊花纹立圆领印花绸克夫袖旗袍

年代： 20世纪40年代

材质： 面料真丝平纹绸，里料真丝平纹绢

尺寸： 衣长101cm，通袖长76.5cm，下摆宽42.5cm，袖口宽11.5cm，开衩长12.6cm

纹样： 菊花纹，平接布局

收藏： 私人收藏

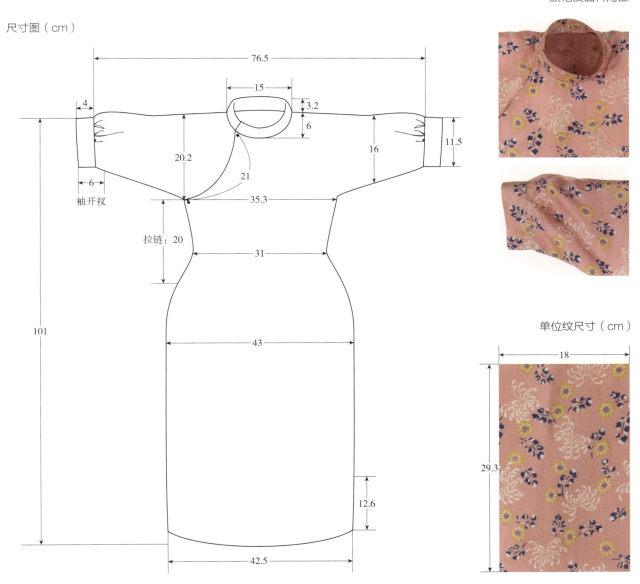

尺寸图（cm）

袖开衩

旗袍及面料局部

单位纹尺寸（cm）

部位参数	组织	材料		密度（根/cm）		投影（mm）	
		经向	纬向	经向	纬向	经向	纬向
面料	平纹（绸）	真丝	真丝	76	30	0.5	1
里料	平纹（绢）	真丝	真丝	—	—	—	—
工艺	印花						

三十六、粉绿地花卉八宝暗纹提花绸镶花边短袖旗袍

年代： 20世纪40年代

材质： 面料真丝斜纹绸，里料真丝平纹绢

尺寸： 衣长117cm，通袖长92cm，下摆宽42cm，袖口宽15cm，开衩长30cm

纹样： 花卉八宝纹，平接布局

收藏： 私人收藏

旗袍及面料局部

尺寸图（cm）

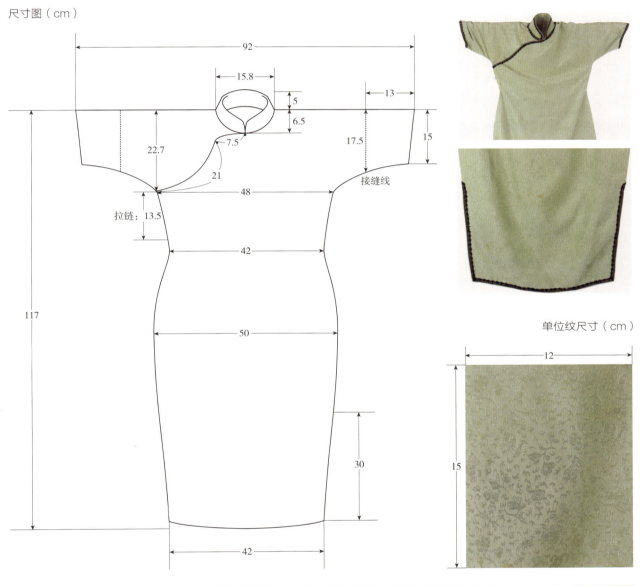

单位纹尺寸（cm）

部位 参数	组织	材料		密度（根/cm）		投影（mm）	
		经向	纬向	经向	纬向	经向	纬向
面料	变化斜纹（绸）	真丝	真丝	90	24	0.4	0.4
里料	平纹（绢）	真丝	真丝	—	—	—	—
工艺				提花			

三十七、水蓝地柳条纹提花短袖夹旗袍

年代： 20世纪40年代
材质： 面料化纤平纹双经提花，里料真丝平纹绢
尺寸： 衣长108.5cm，通袖长45.5cm，下摆宽42cm，袖口宽17.5cm，开衩长23cm
纹样： 几何纹，平接布局
收藏： 私人收藏

尺寸图（cm）

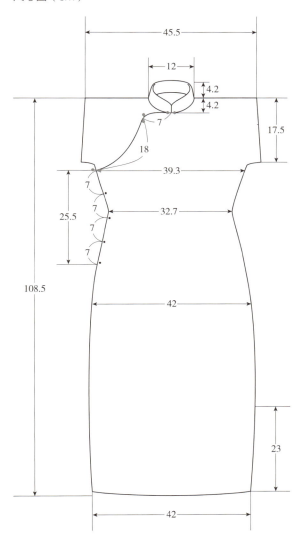

旗袍及面料局部

部位参数	组织	材料		密度（根/cm）		投影（mm）	
		经向	纬向	经向	纬向	经向	纬向
面料	平纹（双经）	化纤	化纤	甲：28 乙：28	甲：14 乙：14	甲：1 乙：1.1	0.1
里料	平纹（绢）	真丝	真丝	—	—	—	—
工艺	平纹双经提花，双重组织						

三十八、灰色花呢短袖夹旗袍

年代： 20世纪40年代
材质： 面料羊毛花呢，里料真丝平纹绸
尺寸： 衣长118cm，通袖长75.5cm，下摆宽34.5cm，袖口宽13cm，开衩长32.5cm
收藏： 私人收藏

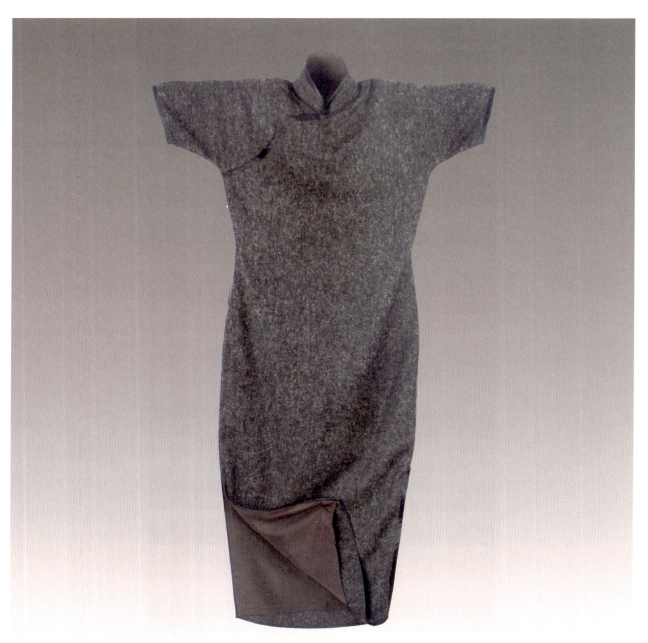

尺寸图（cm）

旗袍及面料局部

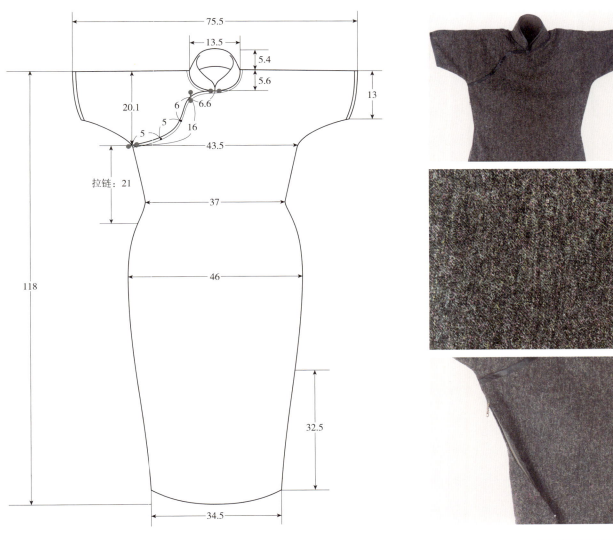

部位参数	组织	材料		密度（根/cm）		投影（mm）	
		经向	纬向	经向	纬向	经向	纬向
面料	斜纹	羊毛	羊毛	15	10	—	—
里料	平纹（绸）	真丝	真丝	—	—	—	—
工艺	花呢						

三十九、藕红地花卉纹镶边蕾丝无袖旗袍

年代： 20 世纪 40 年代

材质： 面料真丝蕾丝，里料真丝平纹绢

尺寸： 衣长 126cm，通袖长 47cm，下摆宽 49cm，袖口宽 16cm，开衩长 39.5cm

纹样： 花卉纹，1/2 接布局

收藏： 高建中

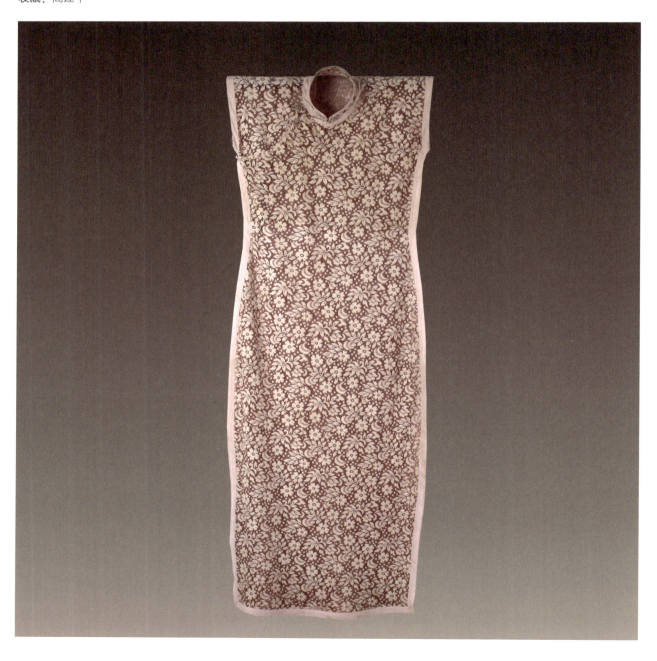

尺寸图（cm）

旗袍及面料局部

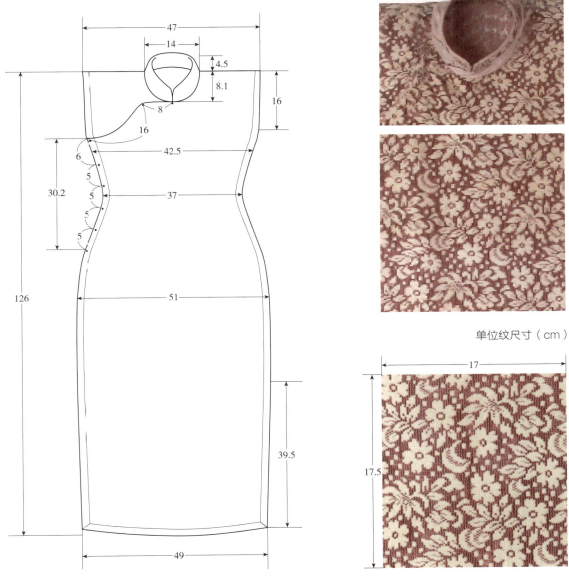

单位纹尺寸（cm）

部位参数	组织	材料		密度（根/cm）		投影（mm）	
		经向	纬向	经向	纬向	经向	纬向
面料	蕾丝	真丝	真丝	20	8	0.8	2.41
工艺	蕾丝镶边						

四十、粉色地竖条花卉纹提花绉无袖旗袍

年代： 20世纪40年代
材质： 面料真丝绸平纹绉，里料真丝平纹绢
尺寸： 衣长119cm，通袖长47cm，下摆宽46cm，袖口宽16cm，开衩长30.5cm
纹样： 花卉条纹；竖式二方连续布局
收藏： 私人收藏

旗袍及面料局部

尺寸图（cm）

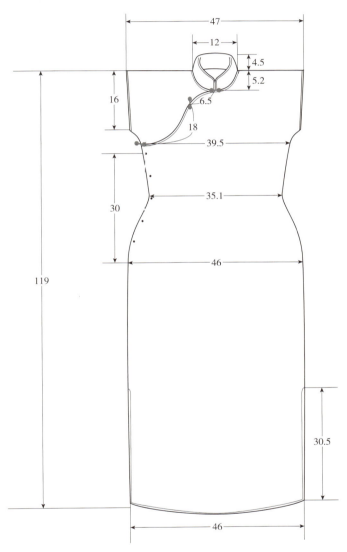

单位纹尺寸（cm）

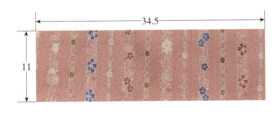

部位参数	组织	材料		密度（根/cm）		投影（mm）	
		经向	纬向	经向	纬向	经向	纬向
面料	平纹（双绉）	真丝	人造丝	36×4	30	地：0.3 纹：0.3	1
里料	平纹（绢）	真丝	真丝	—	—	—	—
工艺				提花			

四十一、粉红地几何纹提花绸无袖单旗袍

年代： 20世纪40年代
材质： 面料真丝提花绸
尺寸： 衣长101cm，通袖长41cm，下摆宽47cm，袖口宽18cm，开衩长18.5cm
纹样： 几何纹，平接布局
收藏： 私人收藏

旗袍及面料局部

尺寸图（cm）

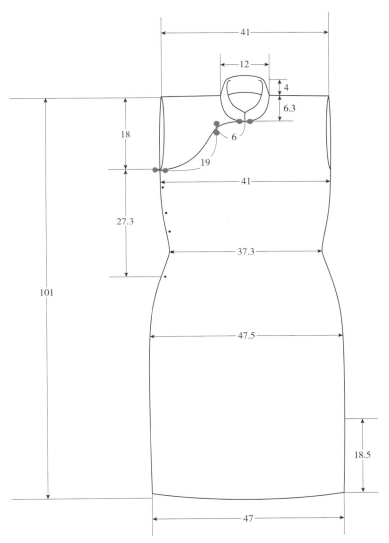

单位纹尺寸（cm）

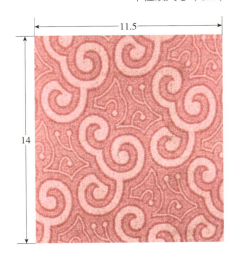

部位参数	组织	材料		密度（根/cm）		投影（mm）	
		经向	纬向	经向	纬向	经向	纬向
面料	平纹（绉）	真丝	真丝	甲：30 乙：30	甲：30 乙：30	甲：0.2 乙：0.4	甲：0.2 乙：0.4
工艺	提花						

四十二、黄灰地花卉几何纹印花棉布短袖单旗袍

年代： 20世纪40年代

材质： 面料棉布绢

尺寸： 衣长100cm，通袖长45cm，下摆宽42.5cm，袖口宽14cm，开衩长10cm

纹样： 花卉几何纹，1/2接布局

收藏： 私人收藏

尺寸图（cm）

旗袍及面料局部

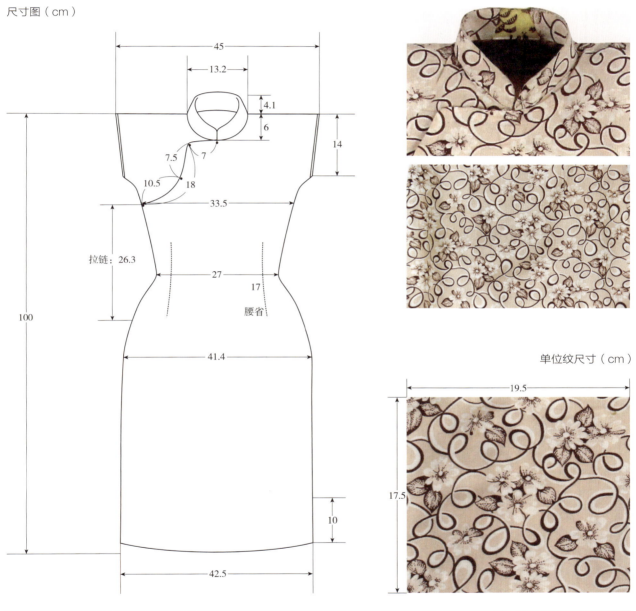

单位纹尺寸（cm）

部位参数	组织	材料		密度（根/cm）		投影（mm）	
		经向	纬向	经向	纬向	经向	纬向
面料	平纹	棉	棉	28	17	1.4	1.8
工艺	印花						

四十三、深红地花卉暗纹绉短袖旗袍

年代： 20世纪40年代
材质： 面料真丝提花绉，里料真丝平纹绢
尺寸： 衣长110cm，通袖长52cm，下摆宽45cm，袖口宽15cm，开衩长25cm
纹样： 花卉暗纹，平接布局
收藏： 私人收藏

旗袍及面料局部

尺寸图（cm）

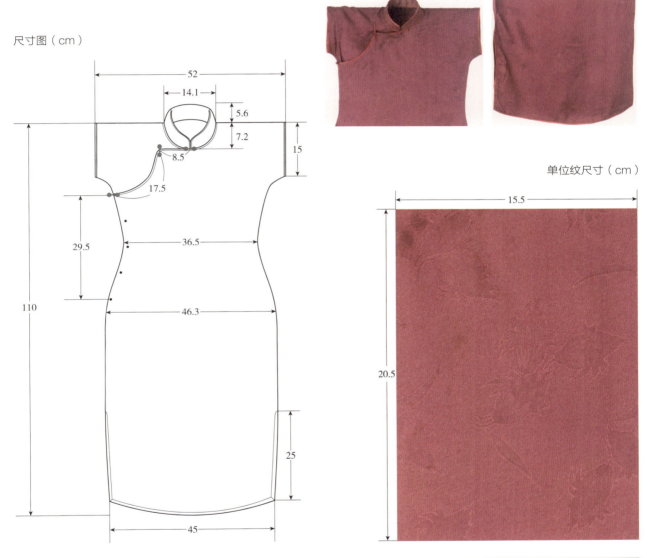

单位纹尺寸（cm）

部位参数	组织	材料		密度（根/cm）		投影（mm）	
		经向	纬向	经向	纬向	经向	纬向
面料	平纹绉	真丝	真丝	甲：32 乙：32	甲：20 乙：20	甲：0.5 乙：1.1	甲：0.5 乙：1
里料	平纹（绢）	真丝	真丝	—	—	—	—
工艺	提花（两根强捻，一根弱捻）						

四十四、橘黄地圆环纹印花纱无袖单旗袍

年代： 20世纪40年代

材质： 面料真丝平纹纱

尺寸： 衣长103cm，通袖长36cm，下摆宽43.5cm，袖口宽15cm，开衩长18cm

纹样： 圆环纹，平接布局

收藏： 私人收藏

尺寸图（cm）

旗袍及面料局部

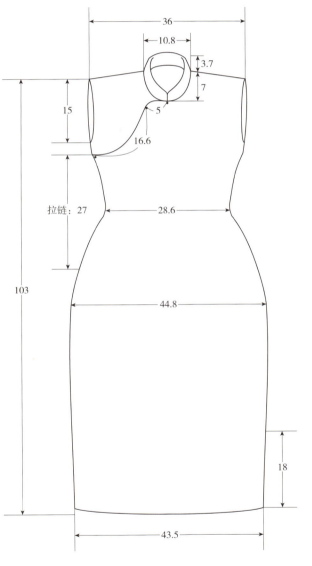

部位 参数	组织	材料		密度（根/cm）		投影（mm）	
		经向	纬向	经向	纬向	经向	纬向
面料	平纹（纱）	真丝	真丝	26	23	0.015×2	0.015×2
工艺	印花						

四十五、藕灰地装饰风俗纹印花绸短袖单旗袍

年代： 20世纪40年代
材质： 面料真丝平纹绸
尺寸： 衣长103cm，通袖长54cm，下摆宽38cm，袖口宽15.5cm，开衩长18cm
纹样： 装饰风俗纹，1/2接布局
收藏： 私人收藏

尺寸图（cm）

旗袍及面料局部

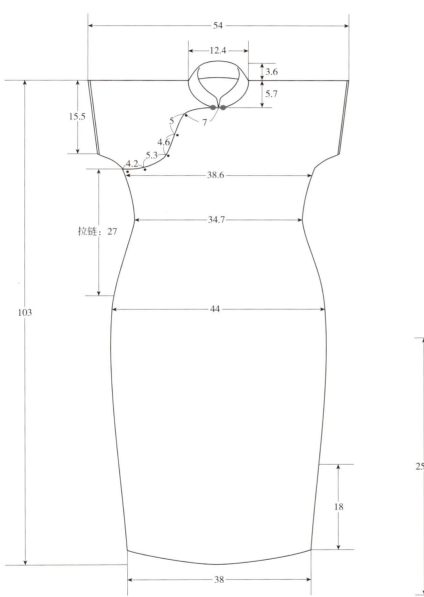

单位纹尺寸（cm）

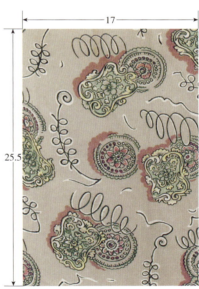

部位参数	组织	材料		密度（根/cm）		投影（mm）	
		经向	纬向	经向	纬向	经向	纬向
面料	平纹	真丝	真丝	48	30	1.2	0.8
工艺	印花						

四十六、黑地花卉纹印花绉双襟无袖夹旗袍

年代： 20世纪40年代
材质： 面料真丝平纹绉，里料真丝平纹绢
尺寸： 衣长115cm，通袖长39.5cm，下摆宽35cm，袖口宽18cm，开衩长28cm
纹样： 满地花卉纹，平接布局
收藏： 私人收藏

尺寸图（cm）

旗袍及面料、里料局部

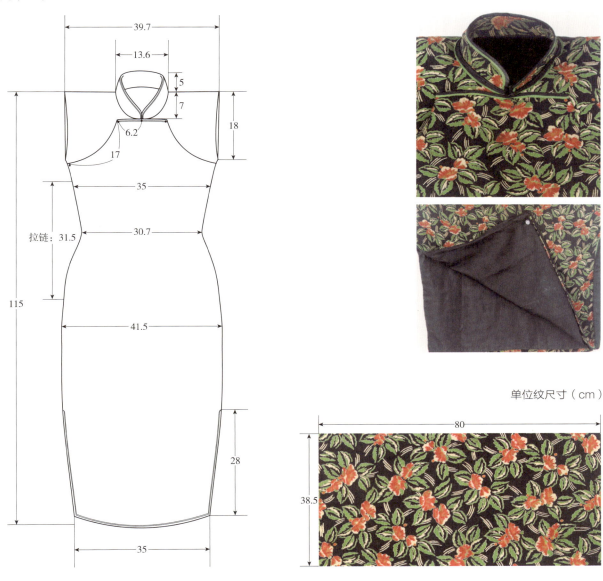

单位纹尺寸（cm）

部位参数	组织	材料		密度（根/cm）		投影（mm）	
		经向	纬向	经向	纬向	经向	纬向
面料	平纹（绉）	真丝	真丝	44	26	1	0.4
里料	平纹（绢）	真丝	真丝	—	—	—	—
工艺	印花（夹层：棉毛）						

四十七、紫红地彩条提花缎长袖夹旗袍

年代： 20世纪40年代

材质： 面料真丝提花缎，里料真丝平纹绢

尺寸： 衣长´07cm，通袖长133cm，下摆宽45.5cm，袖口宽12cm，开衩长20.5cm

纹样： 横条纹

收藏： 私人收藏

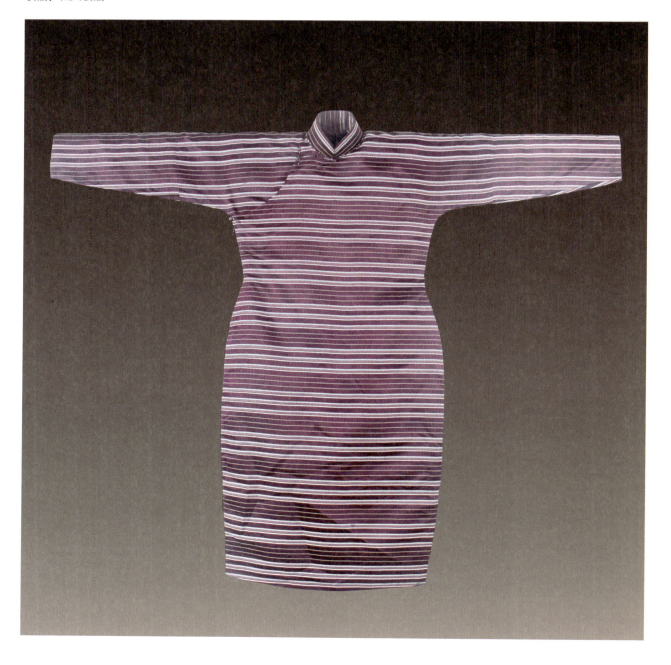

尺寸图（cm）

旗袍及面料局部

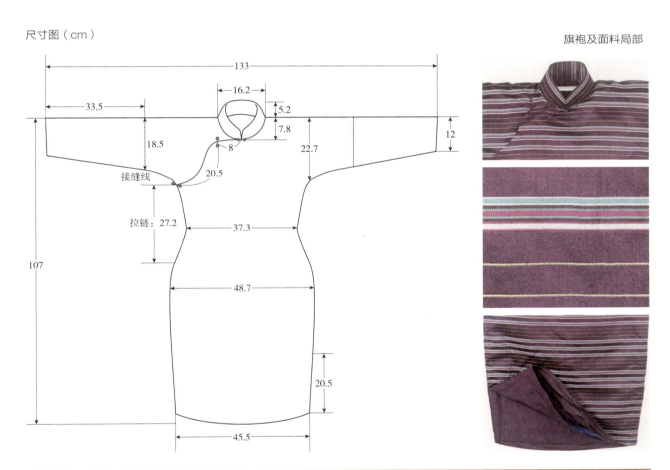

部位参数	组织	材料		密度（根/cm）		投影（mm）	
		经向	纬向	经向	纬向	经向	纬向
面料	七枚缎	真丝	真丝	135	36	0.8	甲：0.6 乙：1.1
里料	平纹（绢）	真丝	真丝	—	—	—	—
工艺	提花（夹层：丝绵）						

四十八、墨绿地印花绸长袖夹旗袍

年代： 20世纪40年代
材质： 面料真丝平纹绸，里料真丝平纹绢
尺寸： 衣长100cm，通袖长128cm，下摆宽46cm，袖口宽10cm，开衩长15cm
纹样： 花卉纹，1/2接布局
收藏： 高建中

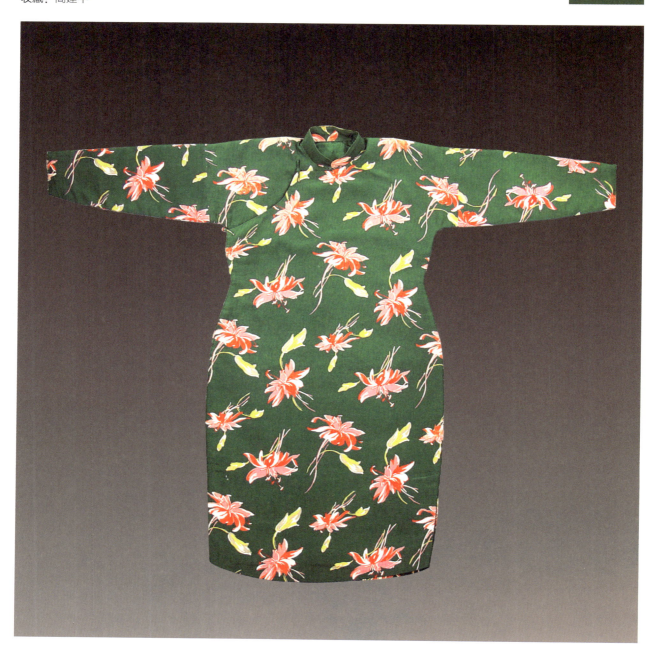

旗袍及面料局部

尺寸图（cm）

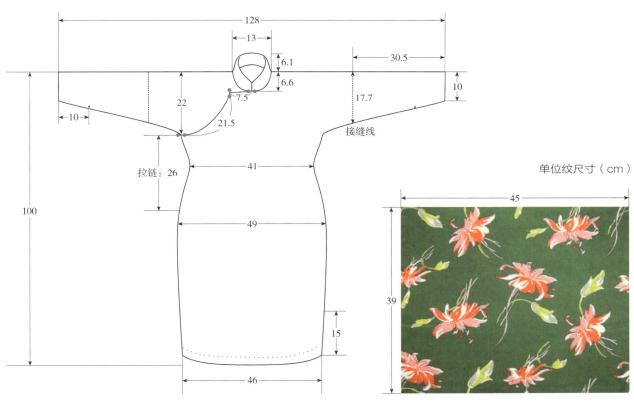

单位纹尺寸（cm）

部位参数	组织	材料		密度（根/cm）		投影（mm）	
		经向	纬向	经向	纬向	经向	纬向
面料	平纹	真丝	真丝	60	60	0.06	0.06
里料	平纹	真丝	真丝	46	44	0.02	0.02
工艺	印花（夹层：羊毛毡）						

第三章

近代传世旗袍面料图像复原

旗袍面料是旗袍图像的重要组成部分。对旗袍面料的解读、复原，并非只是对其图像叙事的简单复述，而是试图进入其产生的社会情境中与叙事者进行互动对话，是对旗袍面料图像的叙事策略、叙事途径、叙事方法的解构与品读。在本章中以传世旗袍与面料复原图的比较，希望读者不仅可以从中了解社会、科技赋予的图像意义，还可以从题材、寓意、构成及表现方式中，窥见面料图像从一元到多元的文化发展进程，诠释旗袍物化形态变更的社会学意义与面料图像文化意义的多重关联，清晰解读历史情境重构下旗袍面料图像在时尚观念、意识形态等方面的宏观及个案特征。

第一节

20世纪20年代旗袍面料图像复原

一、淡紫地提花缎短袖旗袍

年　　代：20世纪20年代

面料工艺：丝绸提花

收　　藏：江南大学民间服饰传习馆

纹样特点：此面料设计是以中国传统的竹和梅花为题材，表现上加入了以线条为主的西方表现方法，并运用了推晕的色彩处理方法，是早期中西文化结合的作品。纹样布局采用平接的方法。层次清晰，色彩西化而优雅。

传世旗袍面料复原图

二、淡紫地提花缎丝绵儿童长袖旗袍

年　　代： 20世纪20年代

面料工艺： 丝绸提花

收　　藏： 东华大学纺织服饰博物馆

纹样特点： 此面料为比较典型的日本大洋花类型，主花以花卉和几何纹样结合，底纹为密集的折线几何纹，点、线、面运用合理。此类纹样对中国20世纪20~30年代的织物纹样设计影响甚大。此纹样布局采用1/2接的方法，通过一条弧线使各散点之间产生了穿插变化的连接。

传世旗袍面料复原图

三、灰地花卉纹马甲旗袍

年　　代：20世纪20年代
面料工艺：丝绸提花
收　　藏：江宁织造博物馆
纹样特点：此面料设计运用了大朵折枝花与连珠几何纹样结合，形象生动，动态优美，虽为平接法，
　　　　　但并不感到刻板和单调。在色彩上只运用了黑、灰和淡黄三色，色调雅致、大气，此色调
　　　　　来源于西方色彩的影响，其提花组织很好地体现了主体花卉与地色之间的层次变化。

传世旗袍面料复原图

四、淡褐地朵花纹印花绸中袖旗袍

年　　代：20世纪20年代
面料工艺：丝绸印花
收　　藏：江南大学民间服饰传习馆
纹样特点：此面料为满地朵花的平接设计。主体花卉的造型以线条为主，次花与地纹以小块面为主，花纹细密、层次清晰，是比较典型的西方辊筒印花样式的借鉴。

传世旗袍面料复原图

五、蓝地花卉纹印花罗夹旗袍

年　　代：20世纪20年代
面料工艺：丝绸印花
收　　藏：上海纺织服饰博物馆
纹样特点：簇花花卉纹样是20世纪以后传入我国的一种表现形式，此面料图像以百合花为主体，与牵牛花和蔷薇花卉组成两簇平接散点，主花与次花之间相互辉映。在颜色运用上，蓝地使上层花卉色彩更为突出，中间黄色篱笆的添加，很好地协调了地色与纹样的关系，层次丰富，具有浓郁的西方田园气息。

传世旗袍面料复原图

六、绿坯花卉纹提花镶花边倒大袖夹旗袍

年　　代：20世纪20年代

面料工艺：丝缎提花

收　　藏：上海市历史博物馆

纹样特点：这是具有东洋风格的提花面料设计，其风格与20世纪20年代的倒大袖旗袍非常协调。此图像以一个散点的正反平接来布局，散点与散点之间的接回自然而匠心妙用。主花造型飘逸灵动，以线型表现结构关系。主花与次花通过纹织的变化也很好体现出了层次关系。

传世旗袍面料复原图

第二节

20世纪30年代旗袍面料图像复原

一、暗红地暗八仙纹长袖旗袍

年　　代： 20世纪30年代

面料工艺： 丝绸提花

收　　藏： 江南大学民间服饰传习馆

纹样特点： 八仙图像为典型的道教题材。暗八仙由八仙纹派生而来，此图像以道教中八仙各自所持之法器代表各位神仙。暗八仙以芭蕉扇代表汉钟离，以宝剑代表吕洞宾，以葫芦和拐杖代表铁拐李，以阴阳板代表曹国舅，以花篮代表蓝采和，以渔鼓（或道情筒和拂尘）代表张果老，以笛子代表韩湘子，以荷花或笊篱代表何仙姑。此暗八仙图像，疏密组合处理变化有致，是传统题材在丝绸织锦缎中的延续。

传世旗袍面料复原图

二、暗紫色提花加绣花长袖旗袍

年　　代：20世纪30年代
面料工艺：丝绸提花加刺绣
收　　藏：江南大学民间服饰传习馆
纹样特点：此面料设计的表现特点为：在暗紫色提花面料上，用散点布局的方法点缀对比色相的刺
　　　　　绣纹样，使两种表现方法相得益彰，也是近代旗袍面料图像上才出现的新颖装饰手法。

传世旗袍面料复原图

三、洋红地云水纹提花长袖旗袍

年　　代：20世纪30年代

面料工艺：丝绸提花

收　　藏：江南大学民间服饰传习馆

纹样特点：此面料设计明显受到日本云水纹的影响，线条组合流畅，点线运用恰当。值得一提的是
　　　　　其在整体布局上很好地运用了云水纹的斜线连接技巧，使得平接布局的图像获得了灵动
　　　　　的韵律感。

传世旗袍面料复原图

四、粉地花卉纹提花缎无领长袖旗袍

年　　代：20世纪30年代
面料工艺：丝绸提花
收　　藏：江宁织造博物馆
纹样特点：此面料设计是以两个上下倒置的散点作平接布局，再通过散落的银灰色小花调节构图的
　　　　　　疏密层次，使纹样呈现出碎而不散的和式情调，较好地体现出雍华富贵的丝绸质感。

传世旗袍面料复原图

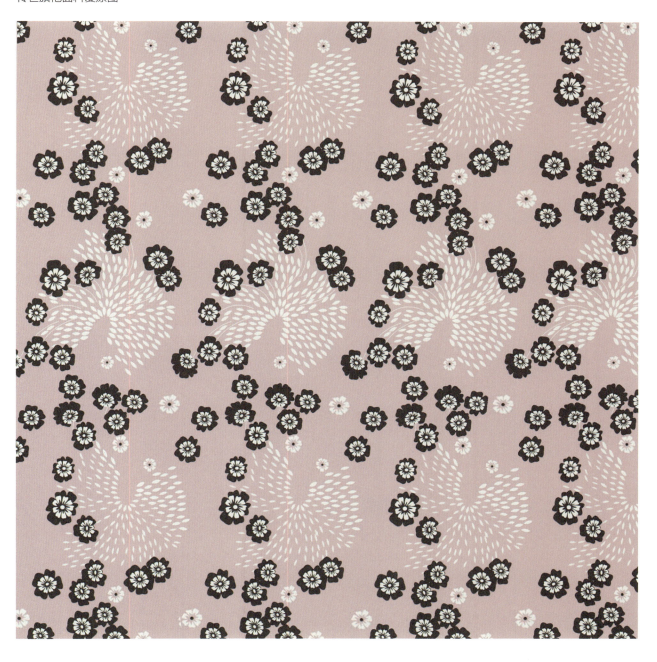

五、粉红地水波纹提花绸短袖旗袍

年　　代：20世纪30年代
面料工艺：丝绸提花
收　　藏：江南大学民间服饰传习馆
纹样特点：此面料设计是传统"海水江崖"纹的一种变体，也受到日本和式水波纹的部分影响。其色彩协调，服用效果雅致。

传世旗袍面料复原图

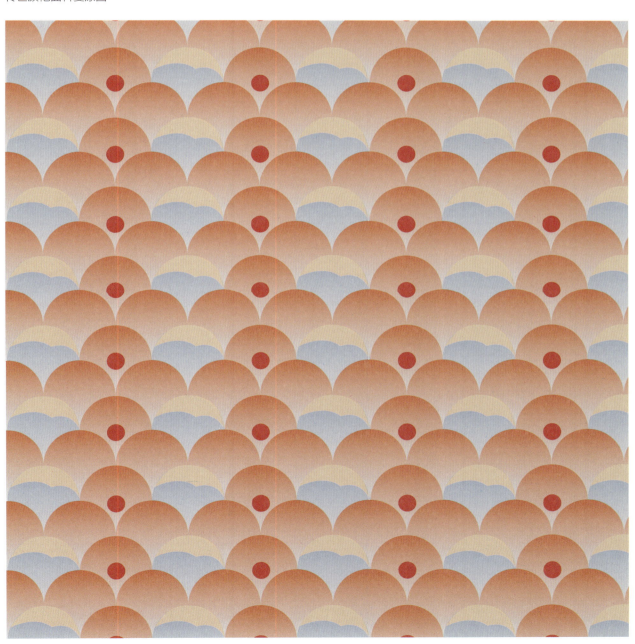

六、黑地小团花提花长袖旗袍

年　　代：20世纪30年代
面料工艺：丝绸提花
收　　藏：私人收藏
纹样特点：团花是中国传统面料设计的表现形式之一，此图像是在传统团花的基础上吸收日本近代纹样的一种创新。作为提花纹样在上、中、下三个层次的处理上，既考虑到色彩的变化，又关注到不同组织带来的视觉效果，是一款较为适合中老年人的面料设计。

传世旗袍面料复原图

七、黑地抽象花卉纹印花绸短袖旗袍

年　　代： 20世纪30年代

面料工艺： 丝绸印花

收　　藏： 江南大学民间服饰传习馆

纹样特点： 此面料设计采用了满地平接布局，吸收了西方现代花卉的组合方式，四个相似而略有变化的散点使整个图像显得现代、简练而富有变化。

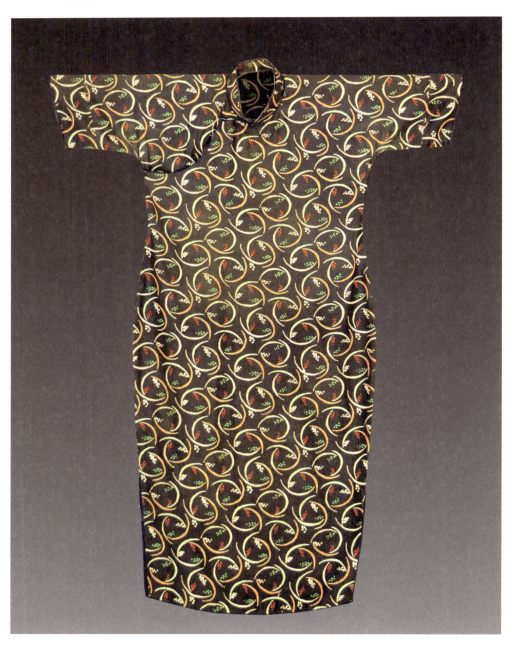

传世旗袍面料复原图

八、黑地花卉纹丝绒烂花短袖旗袍

年　　代： 20世纪30年代

面料工艺： 丝绒烂花

收　　藏： 江宁织造博物馆

纹样特点： 作为丝绒烂花面料，其形象整体生动，黑地和橙红纹样凸显了烂花工艺之美。此面料设计还很好地利用了单位纹样边缘形态的变化，使各单位纹样之间的正负形获得有机地交融。

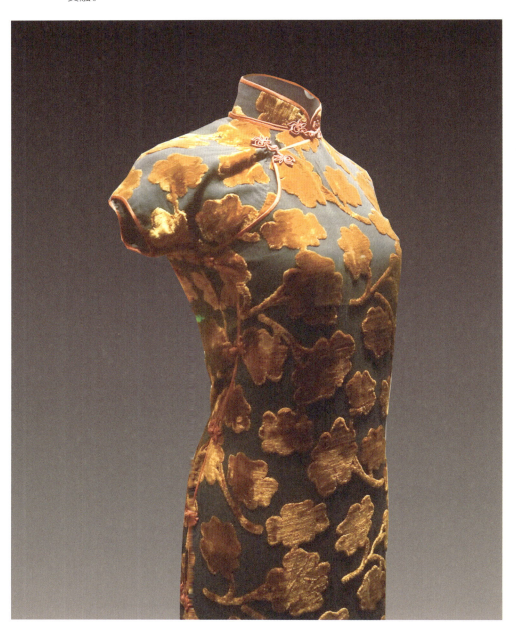

传世旗袍面料复原图

九、灰地金色连缀花卉纹提花长袖旗袍

年　　　代：20 世纪 30 年代
面料工艺：丝绸提花
收　　　藏：江宁织造博物馆
纹样特点：此面料设计运用了连缀的布局方式，花卉的表现以色块为主，黄黑两种色彩较好表现
　　　　　了花卉的形态和体积感。底纹的灰色也是在近代中后期都市中产阶层中较为流行的时
　　　　　髦色彩。

传世旗袍面料复原图

十、黑地雏菊纹丝绸印花无袖旗袍

年　　代：20世纪30年代

面料工艺：丝绸印花

收　　藏：江南大学民间服饰传习馆

纹样特点：此装饰雏菊印花面料，无论造型和色彩都明显受到西方现代设计的影响。在布局上采用了多散点的平接布局方式。通过雏菊和其他元素的大小、方向变化的组合，使得整个纹样丰满而时尚。

传世旗袍面料复原图

十一、黑地绿色方格纹丝绸印花短袖旗袍

年　　代: 20世纪30年代
面料工艺: 丝绸印花
收　　藏: 江南大学民间服饰传习馆
纹样特点: 条格图像是近代旗袍面料中运用较多的类型之一。由于电影明星的时尚引领作用,条格
　　　　　纹样的旗袍面料在各阶层女性中都有运用,以印花为主要工艺。

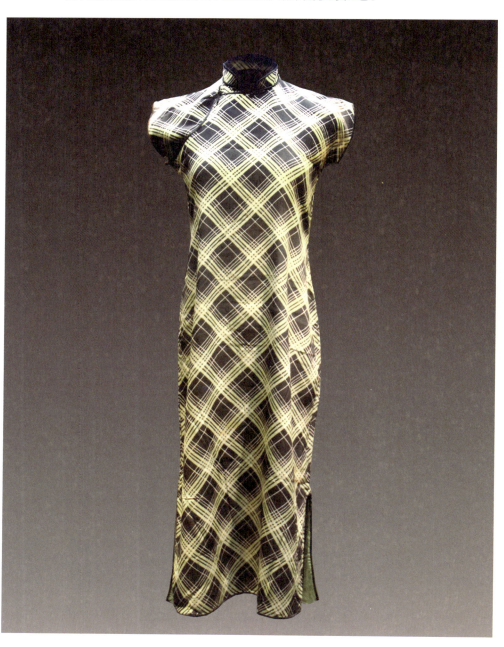

传世旗袍面料复原图

十二、黑地散点朵花纹丝绸印花短袖旗袍

年　　代：20世纪30年代
面料工艺：丝绸印花
收　　藏：江南大学民间服饰传习馆
纹样特点：在中国传统花卉图像中，一般都以折枝的方式来表现，讲究花枝叶的完整。近代以后，受
　　　　　西方艺术思潮的影响，仅以花朵为元素的纹样设计渐多。此面料设计是以四个朵花组成一
　　　　　个单位纹，以面和线的两种形式进行平接排列，较好地表现了色彩的节奏和韵律变化。

传世旗袍面料复原图

十三、黑地五色花卉纹织锦缎裘皮长袖旗袍

年　　代：20 世纪 30 年代

面料工艺：丝绸提花

收　　藏：江宁织造博物馆

纹样特点：织锦缎是 19 世纪末在中国江南织锦的基础上发展而来的。其手感丰厚，色彩绚丽悦目。
它以缎纹为底，以三种以上的彩色丝线为纬，即一组经与三组纬交织的纬三重纹织物。
此面料设计以雏菊为题材，设计受和式风格影响，纹样精致而富有韵律变化，三组纬线
的色彩配置绚丽秀雅，在黑地的衬托下更显纷繁烂漫。

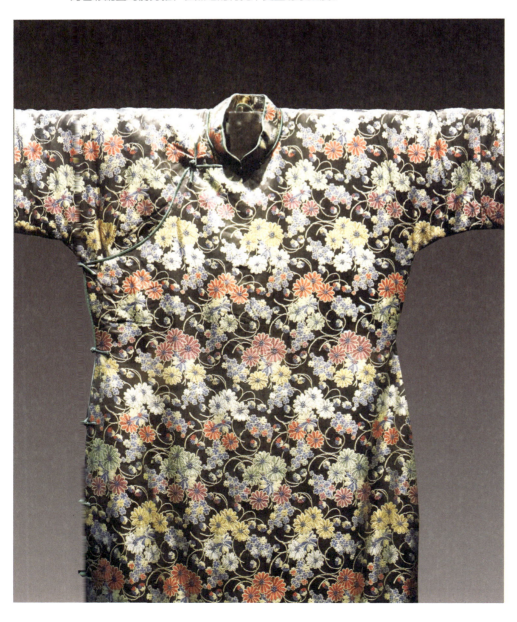

传世旗袍面料复原图

十四、黑地几何纹丝绸印花裘皮长袖旗袍

年　　代：20世纪30年代
面料工艺：丝绸印花
收　　藏：江南大学民间服饰传习馆
纹样特点：中国传统的几何纹样以连珠纹、回纹、席纹、谷纹、绳纹、锦纹等为主要母题，具有相
　　　　　应的象征含义。而近代传入的西方几何纹，很多并没有确切的象征性指意，属于抽象几
　　　　　何纹。此面料设计即属抽象几何纹的范畴，它是通过色块、方向、疏密的变化来获得一
　　　　　种时尚的装饰意味。

传世旗袍面料复原图

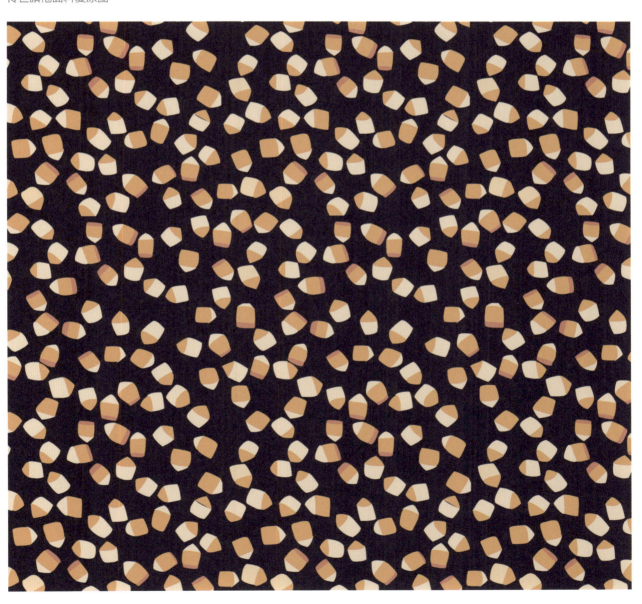

十五、红地拔染印花无袖旗袍

年　　代： 20世纪30年代

面料工艺： 丝绸印花

收　　藏： 江南大学民间服饰传习馆

纹样特点： 此面料为五个散点的平接设计。花卉图像以较为整体的块面为主，符合当时浆印刻版、印制的工艺表达。整体效果靓丽轻快。

传世旗袍面料复原图

十六、红地花卉纹蕾丝无袖旗袍

年　　代： 20世纪30年代

面料工艺： 蕾丝

收　　藏： 江宁织造博物馆

纹样特点： 蕾丝是一种舶来品。网眼组织，最早由钩针手工编织，西欧消费者在女装特别是晚礼服
　　　　　　和婚纱上使用频繁，近代输入中国后也成了旗袍面料的新宠。此面料以红色叶形纹样为
　　　　　　地，网眼较疏。较为抽象的主花为银色线横向编织，密集成面，审美趣味较为现代。

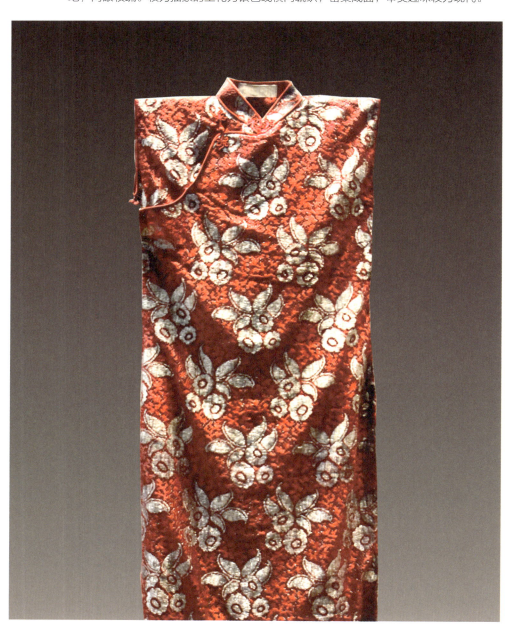

传世旗袍面料复原图

十七、黄地几何团花纹提花短袖旗袍

年　　代：20世纪30年代
面料工艺：丝绸提花
收　　藏：江宁织造博物馆
纹样特点：此面料设计运用了传统团花的外形和布局方式，但圆形团花内部的形态却完全打破了传统的格局特点，以简单的几何形作为填充，并运用地组织与团花组织的区别，造成较为强烈的组织光色的变化。

传世旗袍面料复原图

十八、黄灰地花卉纹丝绸印花短袖旗袍

年　　代：20世纪30年代

面料工艺：丝绸印花

收　　藏：江宁织造博物馆

纹样特点：此面料设计为多散点的平接布局，表现手法和色彩运用较为现代。黄灰地和黑色几何线
　　　　　　在变化中较好衬托了白色为主的花卉。在旗袍的整体效果上，红色蕾丝花边的运用，起
　　　　　　到了画龙点睛的作用，使旗袍的整体图像既优雅又时尚。

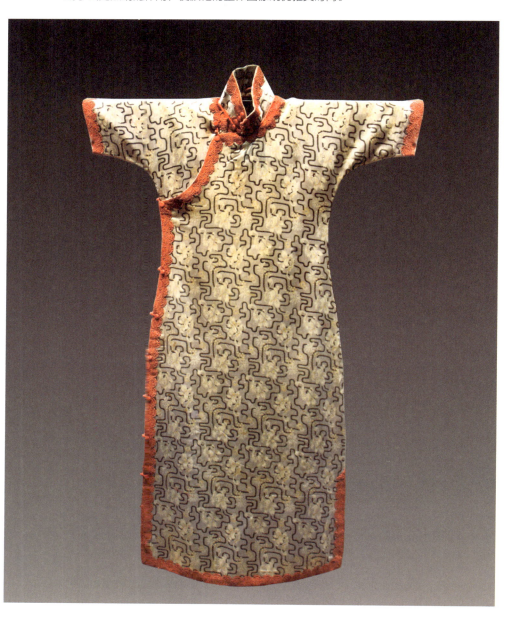

传世旗袍面料复原图

十九、黄灰地折枝花卉纹印花绸短袖旗袍

年　　代：20世纪30年代
面料工艺：丝绸印花
收　　藏：江南大学民间服饰传习馆
纹样特点：此面料设计以四个折枝花卉散点平接设计而成。花卉以线条为主，清新生动，淡花深
　　　　　叶，秀丽雅致。非常适合中、青年女性的审美特点。

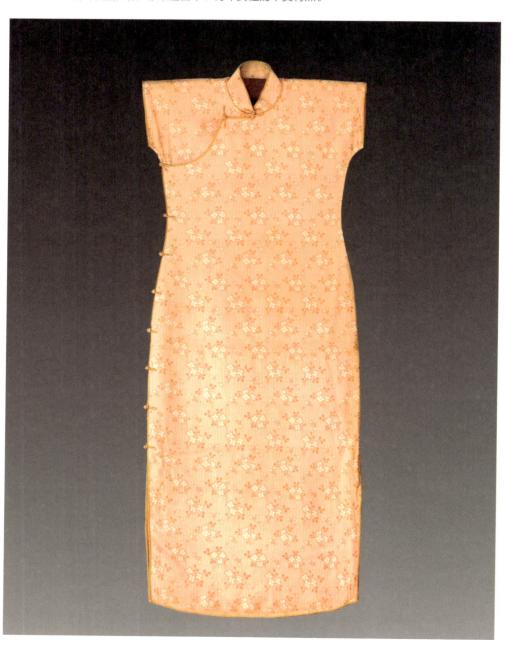

传世旗袍面料复原图

二十、黄绿地花卉纹丝绒压花长袖旗袍

年　　代：20世纪30年代

面料工艺：丝绒玉花

收　　藏：江南大学民间服饰传习馆

纹样特点：丝绒压花也是近代引进西方的工艺加工方法之一，此旗袍面料通过丝绒压花部分与未
　　　　　压部分的不同光泽度来体现。此纹样以满地花卉的形式，较好地适应了丝绒压花工艺
　　　　　的要求。

传世旗袍面料复原图

二十一、灰蓝地花卉纹丝绸提花长袖旗袍

年　　代： 20世纪30年代

面料工艺： 丝绸提花

收　　藏： 江南大学民间服饰传习馆

纹样特点： 此面料设计采月了装饰性很强的表现方法，即对花卉形态进行了夸张变形，突出了纹样布局上的S型曲线，使本来较为呆板的平接形式具有了斜向的动感。而地纹使用的密集几何纹所形成的灰面也很好的衬托了主花型。

传世旗袍面料复原图

二十二、金地蓝花烂花绒短袖旗袍

年　　代： 20世纪30年代

面料工艺： 丝绸提花

收　　藏： 江宁织造博物馆

纹样特点： 此面料设计以简练随意的笔触，潇洒勾勒出主体花卉的形象，散落的小花与枝干围绕主花形成了巧妙的连缀曲线，整体布局轻松、主次有致。此面料在材料使用上也很有创意，地组织为金色，起绒部分为蓝紫色，产生了很好的色彩对比。

传世旗袍面料复原图

二十三、蓝紫地花叶纹提花绒短袖旗袍

年　　代：20世纪30年代

面料工艺：丝绸提花

收　　藏：私人收藏

纹样特点：此旗袍面料为20世纪30年代开始流行的叶形纹样构成，有别于中国传统的以花为主、以叶为辅的模式。在设计上巧妙运用了提花绒面不同组织结构形成的光泽变化，简洁而富有意趣。

传世旗袍面料复原图

二十四、绿地提花绉短袖旗袍

年　　代：20世纪30年代
面料工艺：丝绸提花
收　　藏：江宁织造博物馆
纹样特点：此面料同样是叶形纹样，但在表现方法上却以基本相似的叶形作重复排列，并通过形态大小、前后及方向的变化，获得了富有疏密和节奏的动态效果，整体构成与表现方式迥异于传统纹样。

传世旗袍面料复原图

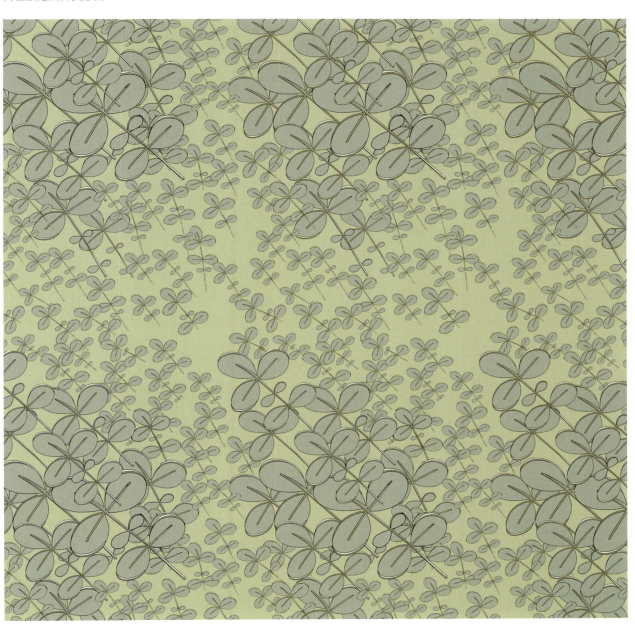

二十五、绿地花叶纹提花缎短袖旗袍

年　　代：20世纪30年代
面料工艺：丝绸提花
收　　藏：江南大学民间服饰传习馆
纹样特点：此面料从纹样设计的角度来说，并非为突出的作品。但此面料在提花的组织设计上却有
　　　　　自己的独到之处，其主体花卉以面为主，叶以线型为主，在地纹组织中通过缎纹变化形
　　　　　成的小花和枝干，隐约而富有层次，较好烘托了主花的形象。

传世旗袍面料复原图

二十六、玫红地花卉纹丝绸印花中袖旗袍

年　　代：20世纪30年代

面料工艺：丝绸印花

收　　藏：江宁织造博物馆

纹样特点：此旗袍面料纹样的布局、花卉的造型以及色彩运用显现出典型的西方现代设计风格。花卉的造型自由灵动，在色彩运用上吸收点彩派的特点，用色斑斓璀璨，非常适合时尚女性穿着。

传世旗袍面料复原图

二十七、米灰地花卉纹丝绸印花短袖旗袍

年　　代：20世纪30年代
面料工艺：丝绸印花
收　　藏：江南大学民间服饰传习馆
纹样特点：此面料为多散点的平接设计。其纹样设计的特点为：以花朵为中心，运用枝叶作不同方向的环绕旋转，使每个散点与整体之间形成了具有动感和韵律的节奏。

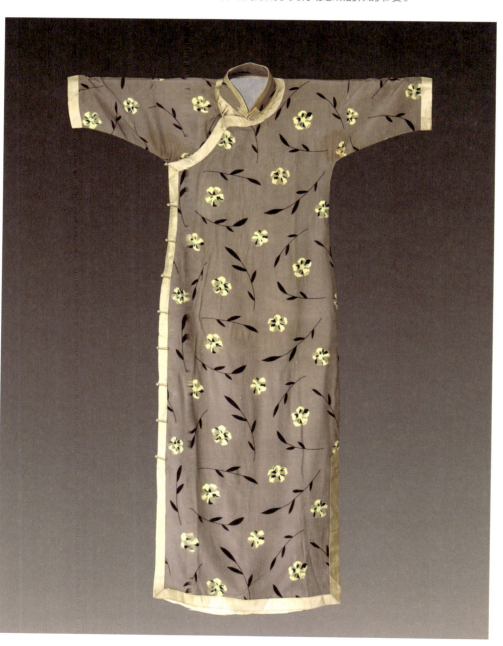

传世旗袍面料复原图

二十八、藕色地印花绉长袖旗袍

年　　代：20世纪30年代

面料工艺：丝绸印花

收　　藏：江南大学民间服饰传习馆

纹样特点：此旗袍面料为采用手工型版印制的纹样。在纹样布局上采用了一个散点作正反方向的平接，这也是当时在印花和提花设计中运用较多的布局方式。每个单位纹运用3块型版进行不同色彩的套印，其色彩的过渡可采用刷印或喷印的方式获得。

传世旗袍面料复原图

二十九、青色花卉纹蕾丝短袖旗袍

年　　代：20世纪30年代
面料工艺：蕾丝
收　　藏：江宁织造博物馆
纹样特点：此面料为手工蕾丝，纹样为满地平接装饰性花卉。其花卉的主体部分以蓝色为主，花蕊和边缘线用金线装饰，整体效果时尚稳重，但又不失精巧的变化。蕾丝是当时时尚女士旗袍面料的新宠。

传世旗袍面料复原图

三十、青色条纹地新式皮球花织锦缎裘皮长袖旗袍

年　　代： 20世纪30年代
面料工艺： 丝绸提花
收　　藏： 江宁织造博物馆
纹样特点： 此织锦缎有着明显的日本和式纹样的特征。每个散点细节的设计都很精到，点、线、面
　　　　　　恰到好处的运用，使纹样在整体丰富的同时，又有很好的层次感。在纬线色彩的运用
　　　　　　上，色彩清晰而不刻板，是近代织锦缎设计中的精品。

传世旗袍面料复原图

三十一、米灰地折枝花卉纹提花缎长袖旗袍

年　　代：20世纪30年代
面料工艺：丝绸提花
收　　藏：私人收藏
纹样特点：这是一件较为典型的20世纪30年代吸收外来装饰风格的提花缎织物。其花朵以面为主，枝叶以线为主，线面结合的整体效果较为清新雅致。但在细节的处理上尚存在借鉴过程中无法避免的粗糙、杂乱等不足。

传世旗袍面料复原图

三十二、水绿地簇花玫瑰纹丝绸印花短袖旗袍

年　　代：20世纪30年代
面料工艺：丝绸印花
收　　藏：江宁织造博物馆
纹样特点：簇花花卉纹样也是20世纪以后传入我国的一种表现形式，此纹样以玫瑰花为主体与其他花卉组成三簇平接散点，主花与次花之间相互辉映。在色彩运用上，水绿的地纹与玫瑰红、紫色及蓝色为主的花卉协调而富有对比，是一件较为优秀的印花设计作品。

传世旗袍面料复原图

三十三、水绿地花卉纹印花绸中袖裘皮旗袍

年　　代：20世纪30年代
面料工艺：丝绸印花
收　　藏：江南大学民间服饰传习馆
纹样特点：此纹样为满地平接设计。从每个花卉的具体形象来说，其设计略显粗糙。但整体组合起
　　　　　来形成的暖绿的灰色调，有着较为不错的服用效果。

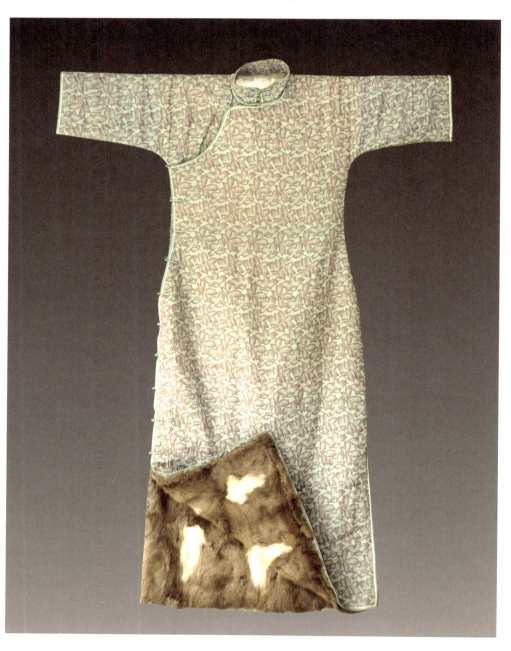

传世旗袍面料复原图

三十四、织金地彩色珠片镶边中袖旗袍

年　　代：20世纪30年代

面料工艺：彩色珠片镶边

收　　藏：江宁织造博物馆

纹样特点：此件旗袍的装饰特点除了其华贵的织金面料外，其袖口和下摆的二方连续彩色珠片装饰
　　　　　是其另一个亮点。

传世旗袍面料复原图

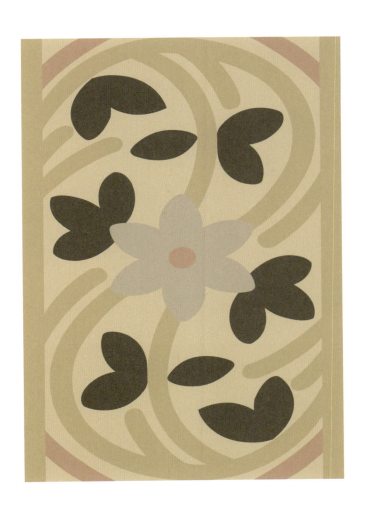

三十五、淡黄地和式花卉纹印花绸短袖旗袍

年　　代：20世纪30年代
面料工艺：丝绸印花
收　　藏：江南大学民间服饰传习馆
纹样特点：此纹样具有较为强烈的日本和式风格的特点，印花工艺为型版喷印。在纹样设计上，其主花与辅花运用了交叉的 S 型形态，枝叶穿插密集而富有变化，在喷印过程中还运用了色晕的变化，使纹样整体上显得灵动、通透，极富层次感。

传世旗袍面料复原图

三十六、白地叶纹型版手绘双绉短袖旗袍

年　　代：20世纪30年代

面料工艺：型版+手绘

收　　藏：笔者收藏

纹样特点：此纹样为先印制型版，再运用毛笔手绘勾勒线条。纹样轻松随性，白地黑线，极具水墨情趣。米色晕色小花作为点睛之笔恰到好处，纹样活泼而时尚。

传世旗袍面料复原图

三十七、褐色烂花绸短袖夹旗袍

年　　代：20世纪30年代
面料工艺：丝绸烂花
收　　藏：上海纺织服饰博物馆
纹样特点：此纹样采用烂花工艺，叶片边缘整洁干净，多散点平接，不同的叶子方向使整体纹样于
　　　　　有序中充满变化。

传世旗袍面料复原图

三十八、黑地花卉纹印花绸长袖旗袍

年　　代： 20世纪30年代

面料工艺： 丝绸印花

收　　藏： 笔者收藏

纹样特点： 此纹样用色大胆，采用西方写意花卉的绘画手法，色彩层次丰富，黑地使得花卉纹样更
加艳丽。

传世旗袍面料复原图

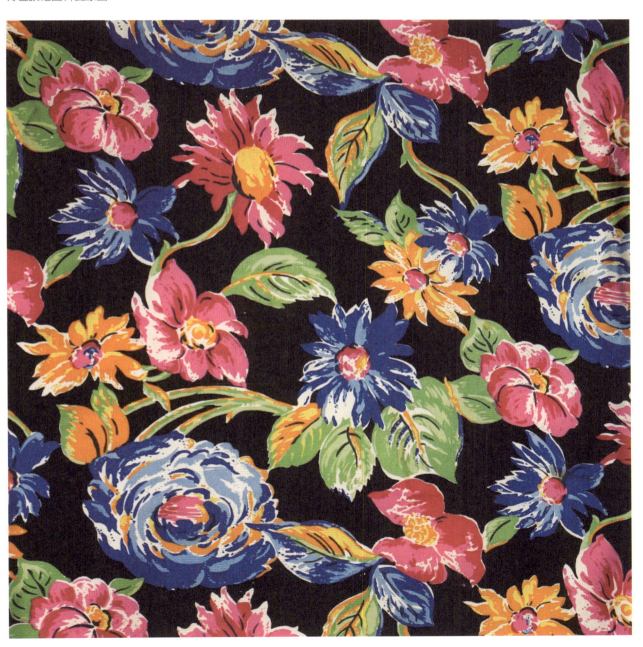

三十九、几何格纹提花镶边长袖旗袍

年　　代：20世纪30年代
面料工艺：丝绸提花
收　　藏：中国丝绸博物馆
纹样特点：此几何提花纹样，以黑色的横条砖纹为基本框架，而每个方形中装饰的白、黄抽象花卉则在视觉上形成了色彩的斜条，使本来较为刻板的平接条纹具有了斜向的运动感。

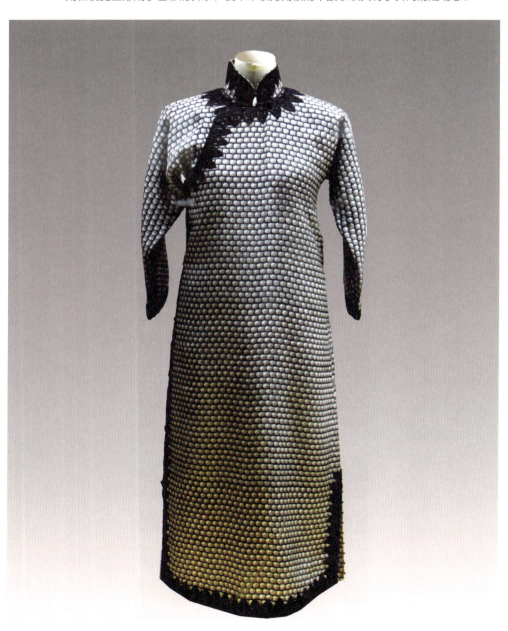

传世旗袍面料复原图

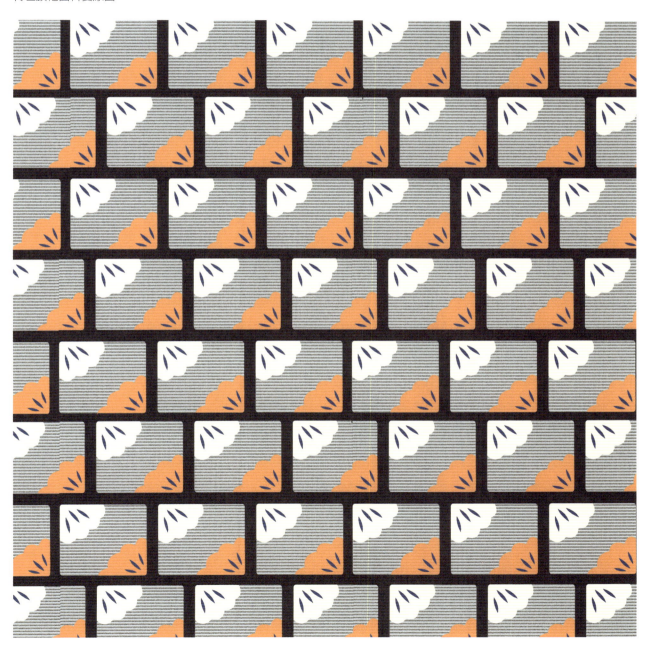

四十、咖啡色花卉纹提花绸儿童旗袍

年　　代：20世纪30年代
面料工艺：丝绸提花
收　　藏：上海纺织服饰博物馆
纹样特点：以折线形竖条为框架，转折点辅以平面点状小花，不规则曲线如同枝条，既很好的衔接
　　　　　了散点花卉与框架，同时又使整体纹样更加柔和。

传世旗袍面料复原图

四十一、浅红地云纹绸儿童旗袍

年　　代： 20世纪30年代

面料工艺： 丝绸印花

收　　藏： 上海纺织服饰博物馆

纹样特点： 此纹样以中国传统云纹图案为主题，云纹之间互相穿插连接自然，连环连缀排列，纹样整体平稳、大气，具有云气蒸腾之感。

传世旗袍面料复原图

四十二、天蓝色朵花纹提花绉长袖夹旗袍

年　　代：20世纪30年代
面料工艺：绉提花
收　　藏：苏州丝绸博物馆
纹样特点：此纹样以兰花抽象图案为主题，多个散点小花和发散式线条形成疏密变化，在织造过程
　　　　　中由三组织点形成的色彩过渡变化，使纹样在整体上显得灵动、通透中极富层次感。

传世旗袍面料复原图

四十三、黑地茶花纹提花缎中袖旗袍

年　　代： 20世纪30年代
面料工艺： 丝绸提花
收　　藏： 中国丝绸档案馆
纹样特点： 这件旗袍面料以茶花为题材，但在花卉的表现上别具一格地使用了色彩与黑白相结合的
　　　　　　 方法　使纹样具有较好的层次和色彩对比效果。

传世旗袍面料复原图

四十四、黑地百花纹织锦缎长袖旗袍

年　　代：20世纪30年代
面料工艺：丝绸织锦缎
收　　藏：中国丝绸档案馆
纹样特点：从这件约20世纪30年代末期的织锦缎旗袍面料图像中，可以看到设计方法上明显受到
　　　　　西方光影表现的影响，题材上也没有明显的吉祥寓意的表达。在整体色彩的体现上略显
　　　　　花哨。

传世旗袍面料复原图

第三节

20世纪40年代旗袍面料图像复原

一、洋红地几何纹丝绸印花短袖旗袍

年　　代： 20世纪40年代

面料工艺： 丝绸印花

收　　藏： 江宁织造博物馆

纹样特点： 此纹样是一款非常有特点的纹样设计，它以水滴状的几何元素为主题，在每一个大的散点周围用不同方向的小点密集环绕，形成了主次分明、韵律感极强的装饰效果。

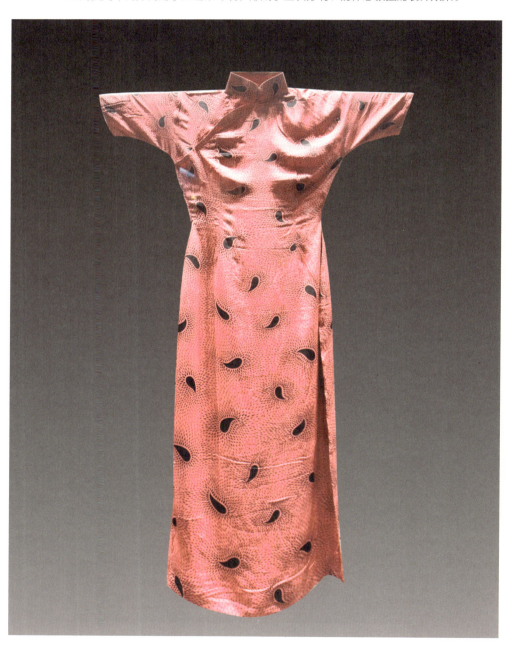

传世旗袍面料复原图

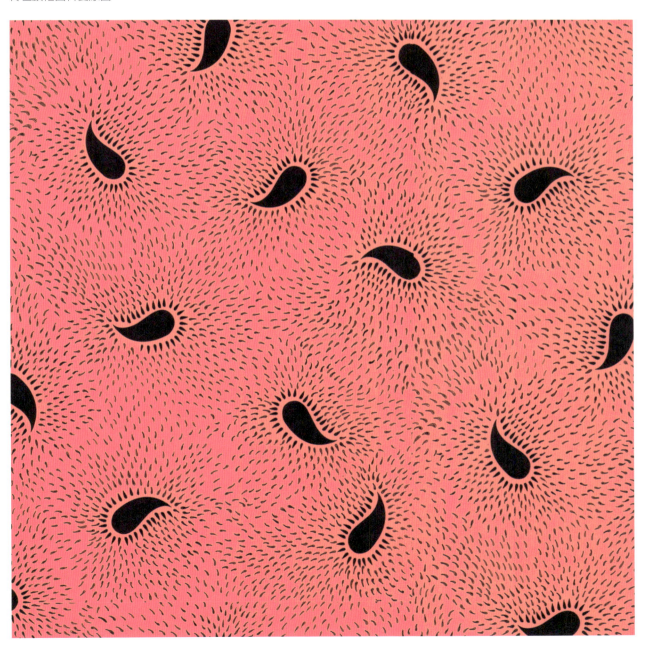

二、暗黄地几何团花纹提花长袖旗袍

年　　代：20世纪40年代
面料工艺：丝绸提花
收　　藏：私人收藏
纹样特点：此纹样以一个几何纹样组成的团花为散点，通过色彩的变化作平接变化。在织造中利用
　　　　　不同的织物组织，使团花的各部分与地组织获得相异的色光。

传世旗袍面料复原图

三、米白地花卉纹印花纱无袖旗袍

年　　代：20世纪40年代
面料工艺：丝绸印花
收　　藏：江宁织造博物馆
纹样特点：此纹样设计风格大胆而随性，花卉的造型以蓝色为主，花瓣和花叶则使用红、黄、绿三色进行点缀，具有西方现代设计风格的特征。

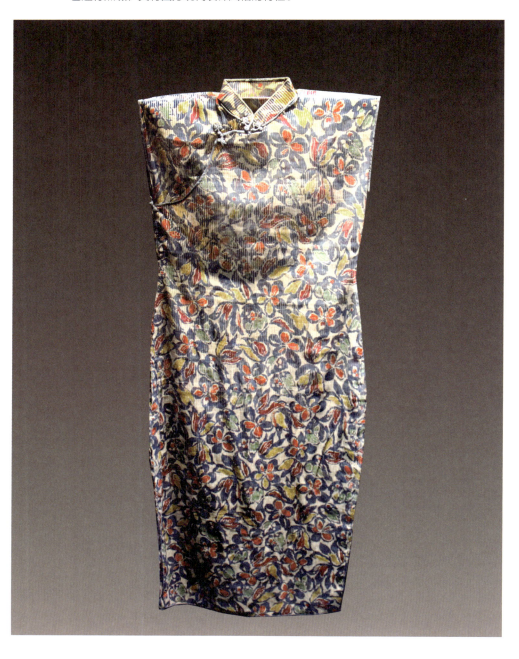

传世旗袍面料复原图

四、淡紫地唐草纹提花缎长袖旗袍

年　　代： 20世纪40年代

面料工艺： 丝绸提花

收　　藏： 江南大学民间服饰传习馆

纹样特点： 此纹样是在传统卷草纹样基础上的一种变化。其通过两个散点的巧妙平接构成了均匀而
富有变化的布局。

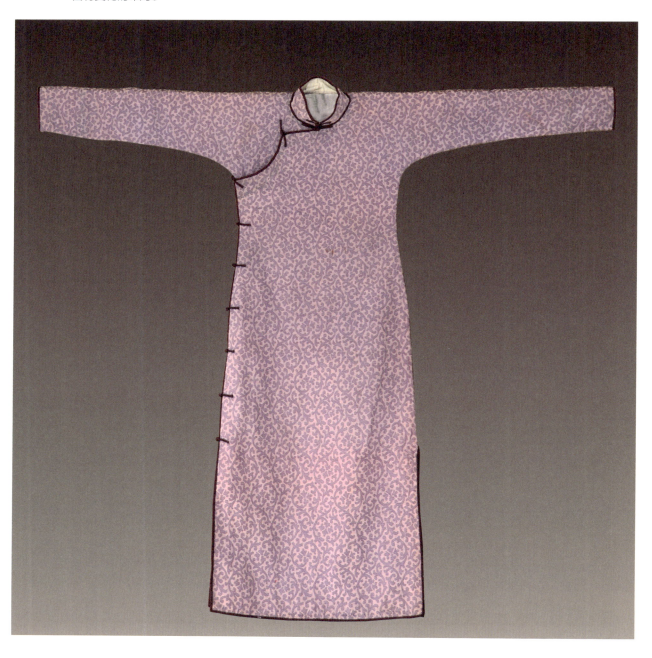

传世旗袍面料复原图

五、粉绿地茶花纹提花绸长袖旗袍

年　　代：20世纪40年代
面料工艺：丝绸提花
收　　藏：江南大学民间服饰传习馆
纹样特点：此纹样以茶花为对象，以盛开和含苞待放的两个折枝为散点进行了平接布局。这种布局
　　　　　方法在20世纪20～30年代的丝绸提花纹样中比较多见，较容易造成布局上横档、竖档
　　　　　或斜档的产生。

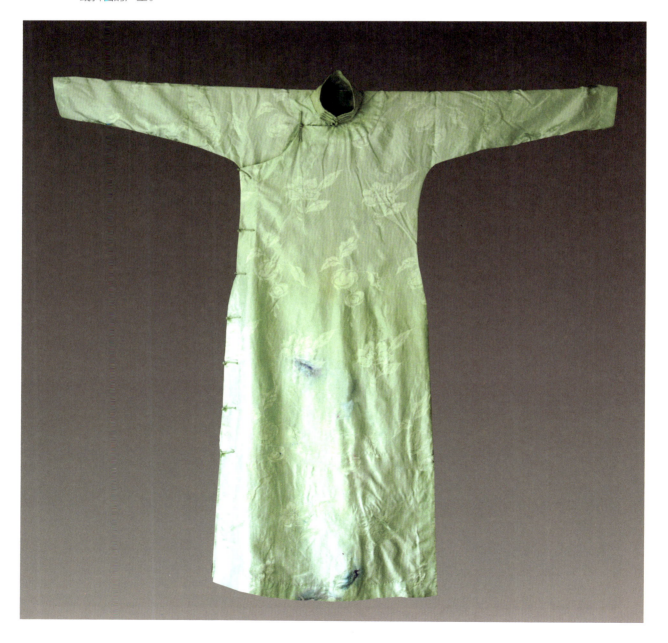

传世旗袍面料复原图

六、格形地菊花纹丝绸印花短袖旗袍

年　　代： 20世纪40年代
面料工艺： 丝绸印花
收　　藏： 江宁织造博物馆
纹样特点： 此面料是在格形提花纱上再经印花而成。此纹样由两个散点的1/2接版构成，其线型的菊花形象简练而富有装饰效果。

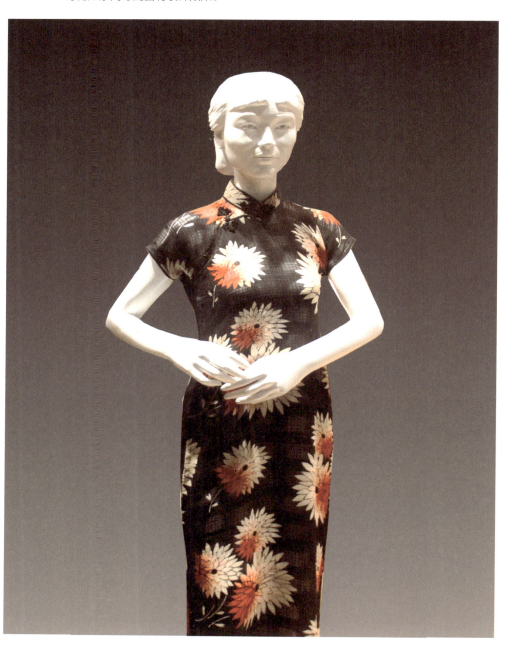

传世旗袍面料复原图

七、黑地花卉纹织锦缎长袖裘皮旗袍

年　　代：20世纪40年代
面料工艺：丝绸提花
收　　藏：私人收藏
纹样特点：此纹样的花卉形象及花瓣都采用蜗旋型的装饰方法，有着较强的视觉动感。

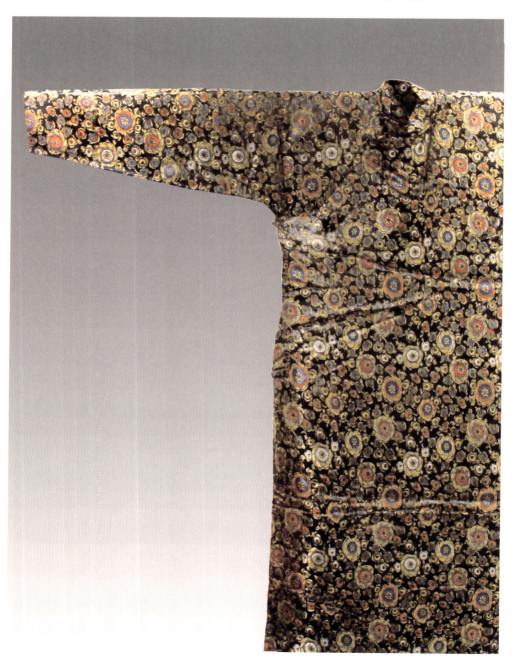

传世旗袍面料复原图

八、黑地几何纹棉布印花长袖旗袍

年　　代：20世纪40年代
面料工艺：棉布印花
收　　藏：江宁织造博物馆
纹样特点：此纹样以几何形为主要元素，从设计风格上说，其辐射星状造型无疑是受到"装饰艺术"运动的影响。

传世旗袍面料复原图

九、黑地百合花纹丝绸印花长袖旗袍

年　　代： 20世纪40年代

面料工艺： 丝绸印花

收　　藏： 江南大学民间服饰传习馆

纹样特点： 此纹样以百合花为题材，以两个散点的平接连续构成。百合花的造型以线条为主，通过线条的勾勒来表现花瓣的翻转仰合和结构变化。在色彩上模仿织锦缎横向纬线换色的模式，在黑地上通过白、橙、淡紫、黄、深紫、绿六种色彩，使纹样整体呈现出色彩缤纷的效果。另外在色彩的运用上，以留白的方式较好地表现了光影效果。

传世旗袍面料复原图

十、黑地花卉纹印花无袖旗袍

年　　代： 20世纪40年代

面料工艺： 丝绸印花

收　　藏： 江南大学民间服饰传习馆

纹样特点： 此面料为1/2接版的印花工艺加工，纹样的表现方法是在黑地上留出白色花卉的形态，以两种灰色块面体现花卉的结构与相互关系，最后以黄、黑两色点缀花蕊。在设计上用笔轻松活泼，色彩素净淡雅，地花之间层次清晰。

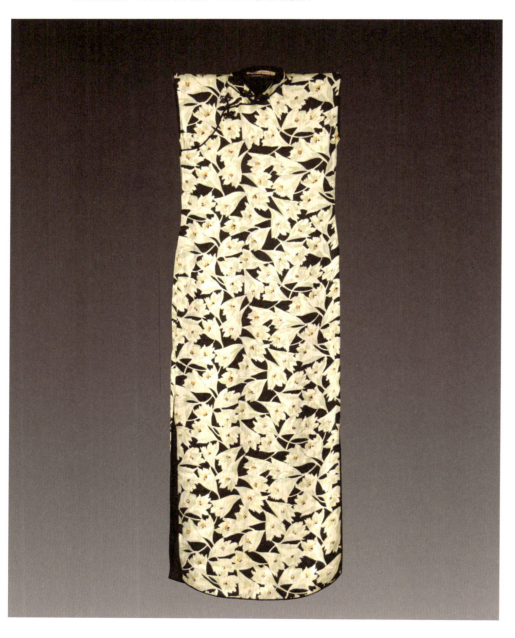

传世旗袍面料复原图

十一、黑地金线蕾丝无袖旗袍

年　　代：20世纪40年代

面料工艺：蕾丝

收　　藏：江宁织造博物馆

纹样特点：此蕾丝面料纹样设计精到，花卉、枝叶姿态优美。在工艺制作上选择了非常细密的网孔织物为地，纹样的边缘以金线勾勒，雅致中显露着高贵奢华。

传世旗袍面料复原图

十二、黑地牡丹纹提花绒无袖旗袍

年　　代：20世纪40年代

面料工艺：丝绸提花

收　　藏：江宁织造博物馆

纹样特点：此面料以装饰形态的牡丹花为题材，满地布局。以块面为主的形象，丰满生动，主次清晰。

传世旗袍面料复原图

十三、红色地几何纹印花长袖旗袍

年　　代： 20世纪40年代

面料工艺： 丝绸印花

收　　藏： 江南大学民间服饰传习馆

纹样特点： 此几何纹样的印花面料，形象抽象多变，受西方现代设计风格影响明显。在大红色地
　　　　　　上，橙、蓝、绿、白等色块错落排列，色彩艳丽、时尚。

传世旗袍面料复原图

十四、褐色地印花绸中袖旗袍

年　　代： 20世纪40年代

面料工艺： 丝绸印花

收　　藏： 江宁织造博物馆

纹样特点： 此面料以闪络的朵花为基本元素，以铺满地排列的方式，使密集的朵花和三套色彩的组合，形成了近看丰富多彩，远看较为成调的服用效果。

传世旗袍面料复原图

十五、绿地椰树动物纹丝绸印花短袖旗袍

年　　代：20世纪40年代

面料工艺：丝绸印花

收　　藏：江宁织造博物馆

纹样特点：此面料以椰树、大象、长颈鹿为元素，以草绿为地，用紫红、白两套色表现了一种清新
　　　　　自然的情趣。这种题材和设计在20世纪40年代的旗袍面料中较为罕见。

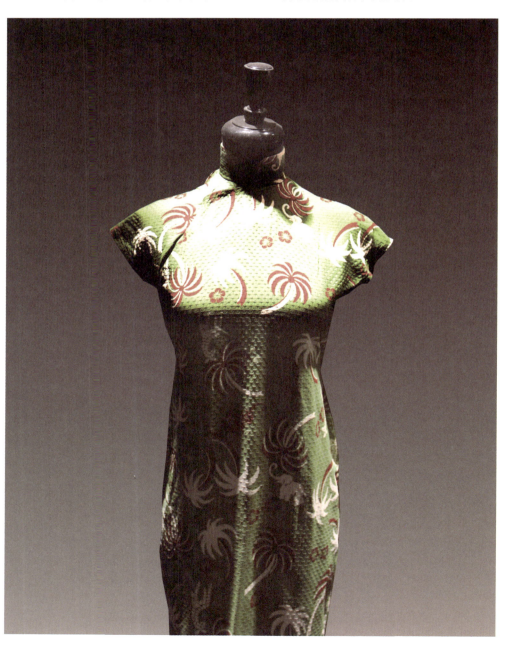

传世旗袍面料复原图

十六、绿灰地花卉纹提花缎长袖夹旗袍

年　　代：20世纪40年代
面料工艺：丝绸提花
收　　藏：私人收藏
纹样特点：此面料为五个散点，以平接法构成的提花纹样。在织造中运用了真丝与人造丝在不同光
　　　　　　线下的折光，使平面状态的花朵呈现出多种光泽的变化。

传世旗袍面料复原图

十七、米灰地菊花纹印花绸长袖旗袍

年　　代：20世纪40年代
面料工艺：丝绸印花
收　　藏：江南大学民间服饰传习馆
纹样特点：此纹样以两个折枝的菊花为散点，在表现上运用了类似写意的线条勾勒和中国画水墨的
　　　　　色彩，纹样整体上显现出古典的意境。

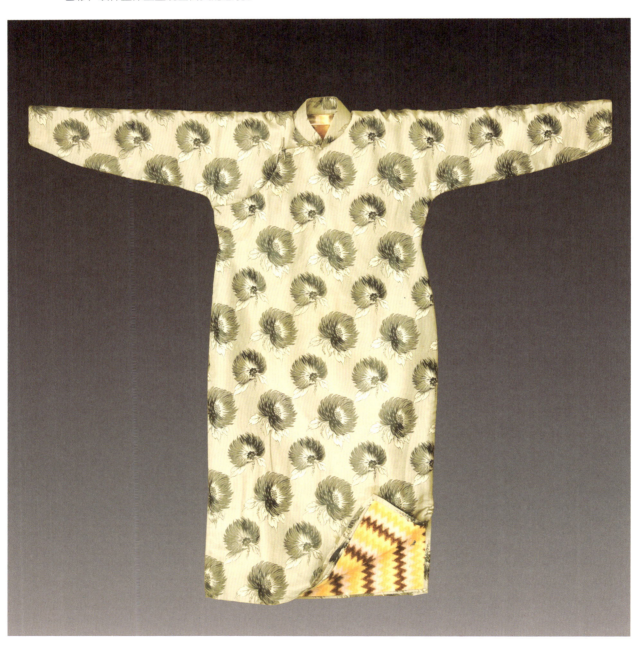

传世旗袍面料复原图

十八、青灰地方格纹段染绣短袖旗袍

年　　代：20世纪40年代
面料工艺：段染绣花
收　　藏：江宁织造博物馆
纹样特点：此面料使用了段染的丝线，相同的图形在绣制过程中由于不同的绣线色彩变化，使纹样
　　　　　整体上呈现出精美绝伦的工艺效果。

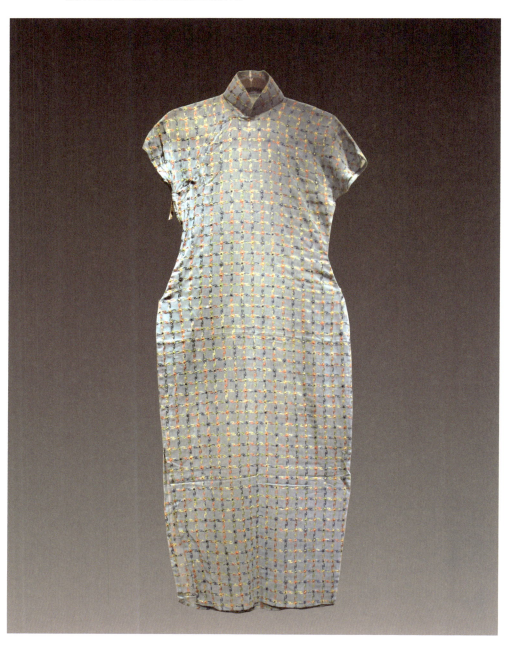

传世旗袍面料复原图

十九、湘蓝地花卉纹印花长袖旗袍

年　　代：20世纪40年代

面料工艺：丝绸印花

收　　藏：江宁织造博物馆

纹样特点：此面料运用了较为抽象的花卉形象，在湘蓝色的地纹上，红、绿、橙、白四种套色交相穿插，黑色的线条既勾勒出花卉形态，也起到一种调和作用。其整体效果文雅中不失时尚。

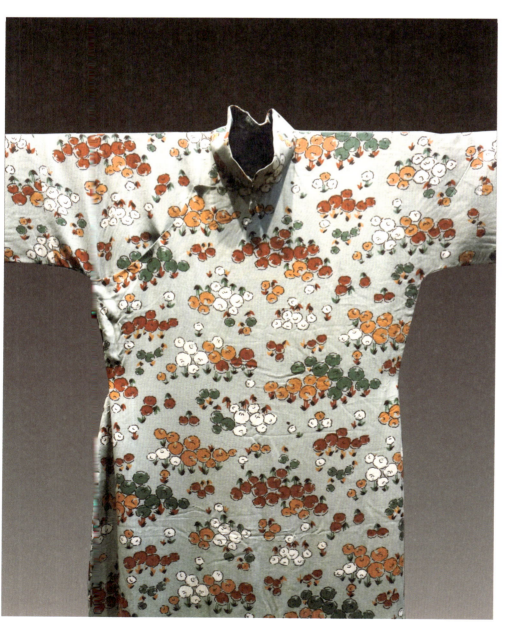

传世旗袍面料复原图

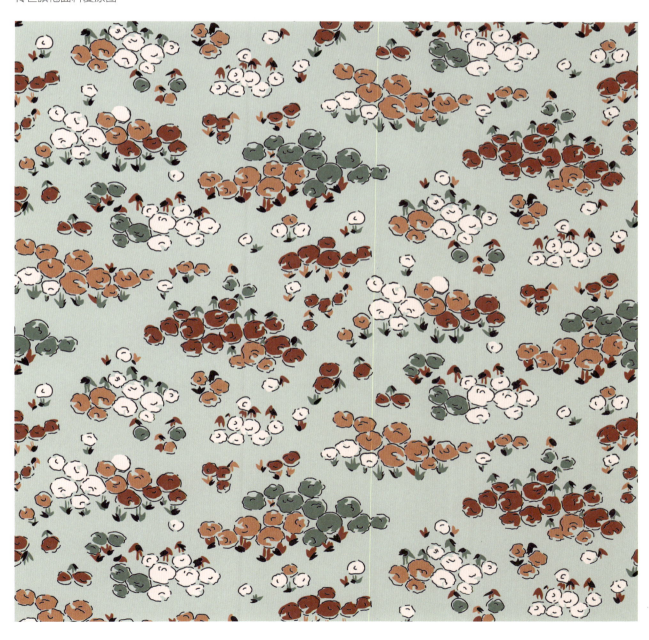

二十、叶形纹样毛质提花长袖旗袍

年　　代：20世纪40年代
面料工艺：羊毛提花
收　　藏：江宁织造博物馆
纹样特点：羊毛提花织物在20世纪30~40年代并不多见。此面料以叶为题材，形态与色彩富有变
　　　　　　化，泥点是设计表现的主要手段。

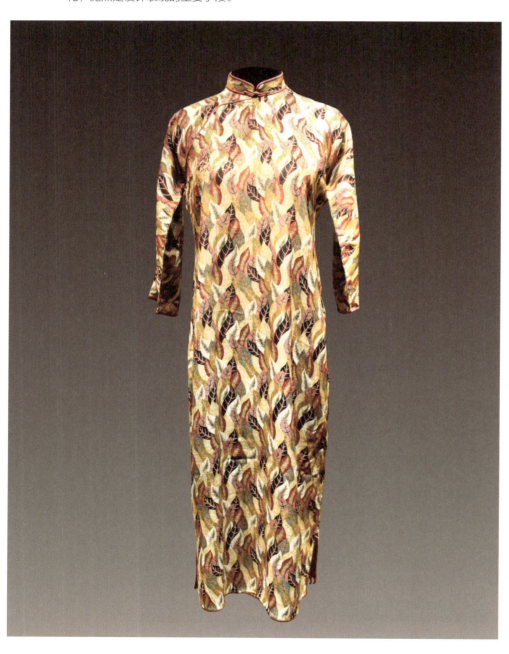

传世旗袍面料复原图

二十一、月白地花卉纹织锦缎长袖旗袍

年　　代： 20世纪40年代

面料工艺： 丝绸提花

收　　藏： 江南大学民间服饰传习馆

纹样特点： 此面料在整体风格上是属于中国传统题材，西方表现风格的设计。花卉有牡丹、菊花、百合和马蹄莲，表现上追求光色的变化。从工艺制作的角度来说，其在纬线色彩的配置上协调感稍有欠缺。

传世旗袍面料复原图

二十二、紫地花卉几何纹提花长袖旗袍

年　　代：20 世纪 40 年代

面料工艺：丝绸提花

收　　藏：江宁织造博物馆

纹样特点：此面料是在传统提花纹样的基础上加进现代几何元素构成。其地纹中沿用传统的蒲纹与小型折枝花卉结合，主纹样则是具有东洋风格的几何形。细密的地纹与块面状的几何形由于组织的不同，形成了较好的光泽变化。

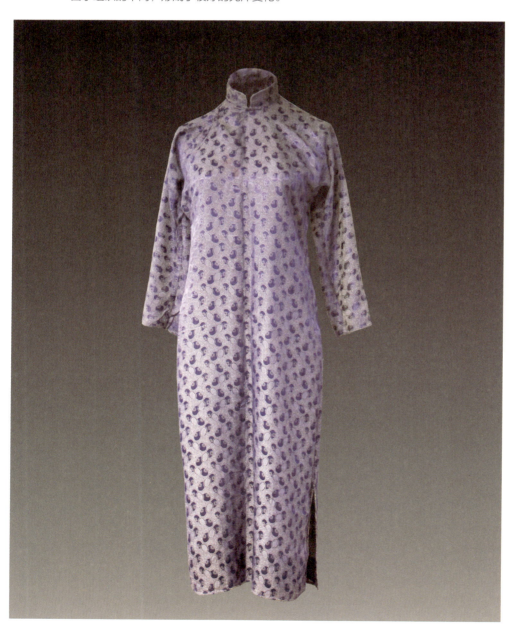

传世旗袍面料复原图

二十三、紫红地牡丹纹软缎长袖旗袍

年　　代： 20 世纪 40 年代
面料工艺： 人造丝提花
收　　藏： 江宁织造博物馆
纹样特点： 以生丝为经、人造丝为纬的缎类丝织物一般称为软缎。软缎有花、素之分。花软缎纹样
　　　　　　多取材于牡丹、月季、菊花等自然花卉，经密小的品种适宜用较粗壮的大型花纹，经密
　　　　　　大的品种则可配以小型散点花纹。此面料即为以牡丹为题材的花软缎。此纹样地清花
　　　　　　明，生动活泼，在传统团花牡丹造型的基础上，又吸收了西方的色彩表现方法。

传世旗袍面料复原图

二十四、紫红色斜纹地花卉纹印花长袖旗袍

年　　代： 20世纪40年代

面料工艺： 丝绸印花

收　　藏： 江宁织造博物馆

纹样特点： 此纹样为较为典型的西方束花花卉的表现方法，其采用红地上大面积的淡蓝色块来表现花卉的动势与轮廓，内部以深蓝、草绿和留白表现花朵和花叶的细节。其强烈的色彩对比和较大的花回，共同构成了非常夺人眼球的视觉效果。

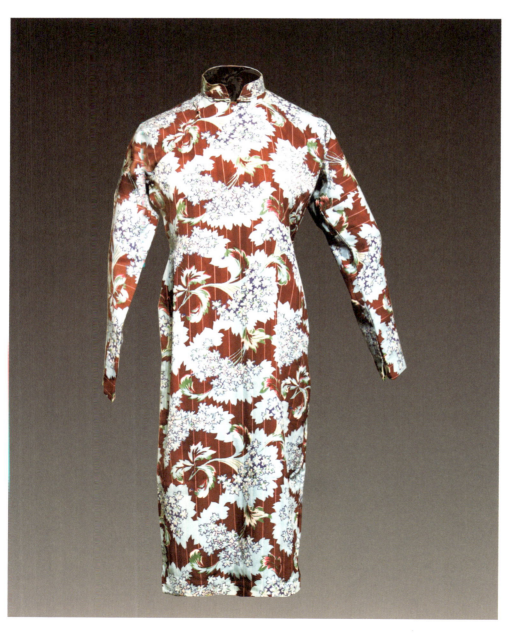

传世旗袍面料复原图

二十五、紫灰地提花绸一字襟无袖旗袍

年　　代：20世纪40年代

面料工艺：丝绸提花

收　　藏：私人收藏

纹样特点：这件旗袍面料的设计，是以几何形态构成抽象的纹样，其看似散落无序的排列中实则有一个视觉中心的不断循环。在提花的组织设计上，地纹为平布，而纹样部分以缎纹处理，富有丝绸的光泽变化。从整件旗袍来看，面料部分相对比较平实，而领、襟、袖、摆装 布的花边及五粒果绿色的扣子，起到了很好的对比和点缀作用。

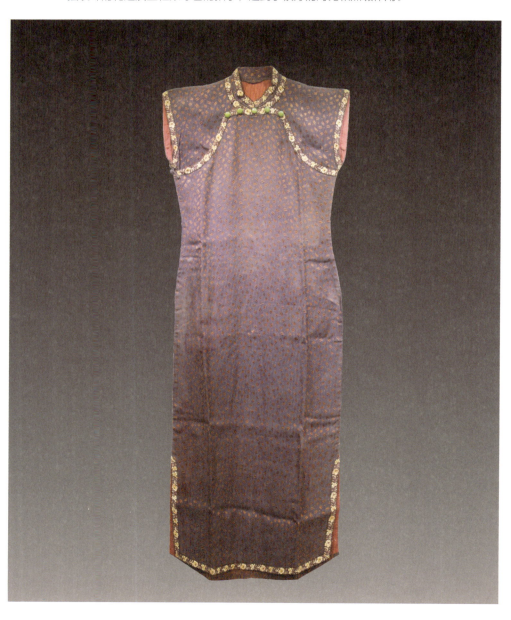

传世旗袍面料复原图

二十六、褐地黄花印花绸儿童旗袍

年　　代：20世纪40年代

面料工艺：丝绸印花

收　　藏：上海纺织服饰博物馆

纹样特点：此纹样选取了黄花局部进行组合，上层覆上半透明描边百花，使本来较为呆板的平接形
　　　　　式具有了大小变化以及层次感。另地纹使用的密集波点所形成的底色，很好地填充了主
　　　　　花型留下的空白。

传世旗袍面料复原图

二十七、黑地印花缎夹旗袍

年　　代：20世纪40年代
面料工艺：丝绸印花
收　　藏：上海纺织服饰博物馆
纹样特点：此纹样设计风格大胆而随性，色彩较为浓烈，以黑地更能衬托花卉色彩的艳丽，具有西
　　　　　方现代设计风格的特征。

传世旗袍面料复原图

二十八、湖蓝地印花绉长袖旗袍

年　　代：20世纪40年代
面料工艺：丝绸印花
收　　藏：深圳中华旗袍馆
纹样特点：此面料为四散点的二分之一接设计。每个散点的花卉数量不同，方向不同，使每个散点
　　　　　与整体之间形成了非常具有动感和韵律的节奏。湖蓝背景使得红黄叶子更为突出。

传世旗袍面料复原图

二十九、灰地菊花纹短袖旗袍

年　　代：20世纪40年代
面料工艺：丝绸印花
收　　藏：中国丝绸博物馆
纹样特点：此纹样以3个折枝的菊花为散点，在表现上运用了钢笔线条勾勒，以花蕊为中心形成环
　　　　　　抱状，整体构图分明，灰色调使得纹样整体上显现出古典的意境。

传世旗袍面料复原图

三十、灰地印花灯芯绒夹旗袍

年　　代：20世纪40年代
面料工艺：灯芯绒印花
收　　藏：上海纺织服饰博物馆
纹样特点：此纹样采用虞美人花卉，以红黄蓝为主色，用色大胆，花卉间穿插的枝条很好地连接了
　　　　　　整个画面，点线面的构图使纹样整体上更加灵动。

传世旗袍面料复原图

三十一、蓝灰地花卉纹长袖裘皮旗袍

年　　代： 20世纪40年代
面料工艺： 丝绸印花
收　　藏： 中国丝绸博物馆
纹样特点： 此旗袍面料的设计手法以勾线平涂与泥点过渡为主，纹样疏密变化有致，形成深花浅地的丰富层次。

传世旗袍面料复原图

三十二、深蓝地印花绸无袖单旗袍

年　　代：20世纪40年代
面料工艺：丝绸印花
收　　藏：上海纺织服装博物馆
纹样特点：这件旗袍面料的设计，是以几何形态构或抽象的纹样，曲线形成视觉的深度变化，多散
　　　　　点的构图使得纹样整体显得自由，具有动态感。

传世旗袍面料复原图

三十三．淡紫灰地花卉纹提花短袖单旗袍

年　　代：20世纪40年代

面料工艺：丝绸提花

收　　藏：上海市历史博物馆

纹样特点：花中套花的设计形式中国古代即有之，但此件旗袍面料的纹样设计，在较为抽象的花卉外形中，套入写实性的折枝花卉，使抽象与具象得到浑然的统一。而整体的色彩变化主要依靠织物组织来获得。

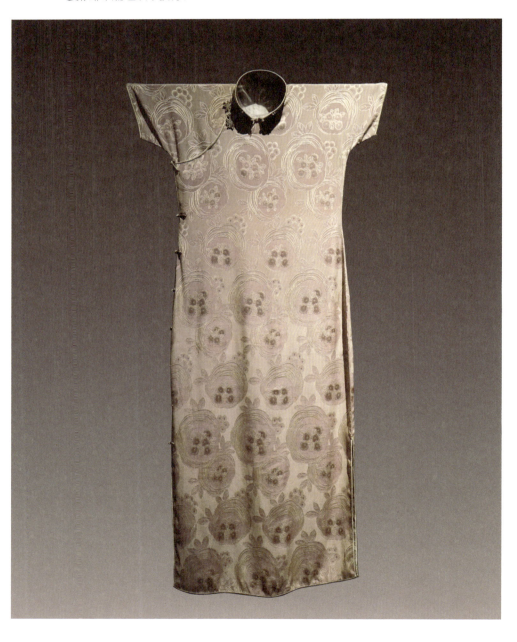

传世旗袍面料复原图

三十四、黑地花卉蝴蝶纹提花短袖单旗袍

年　　代：20世纪40年代

面料工艺：丝绸提花

收　　藏：上海市历史博物馆

纹样特点：蝴蝶百花虽然也是中国传统面料的题材，但在传统表现中往往更多地是以体现花的姿态为主，蝴蝶翩翩起舞其间，以表现"蝶恋花"的情感象征，是对男女美好情感的祝福和颂扬。此旗袍面料图像上述意蕴尚存，但在表现上已有明显的西化倾向。

传世旗袍面料复原图

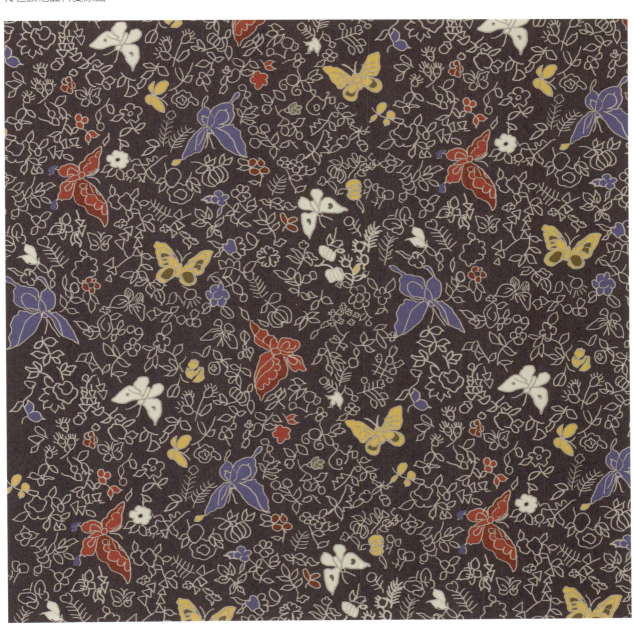

三十五、黑地织锦缎长袖夹旗袍

年　　代：20世纪40年代
面料工艺：丝绸提花
收　　藏：上海市历史博物馆
纹样特点：菊花在中国传统文化中寓意清新高雅，象征高洁的品格。历代文人都有吟咏菊花的诗篇流传。此菊花图案基本沿袭了传统的表现方法，黑地和金色整体上起到一种色彩调和的作用，在布局处理上也显得平稳而中庸。

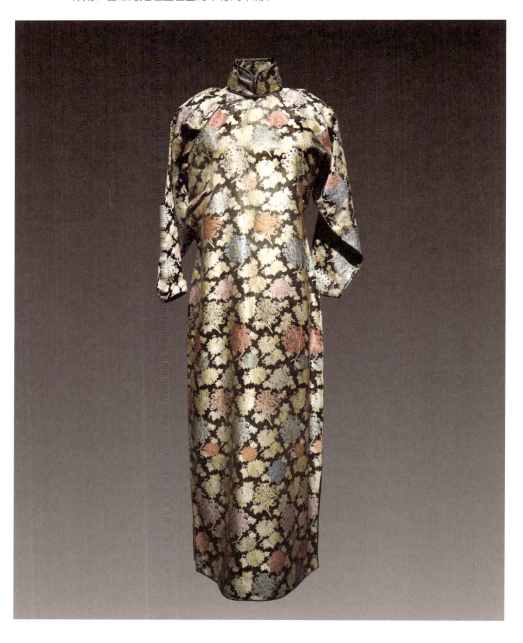

传世旗袍面料复原图

三十六、黄灰地叶纹提花缎无袖单旗袍

年　　代：20世纪40年代
面料工艺：丝绸提花
收　　藏：上海市历史博物馆
纹样特点：这件旗袍面料的图像是典型的簇叶纹样，叶形布局疏密有致，形象生动活泼。平布的地
　　　　　纹与叶形上的缎纹变化形成了较好的光色对比。

传世旗袍面料复原图

三十七、灰地花卉纹提花缎无袖旗袍

年　　代： 20 世纪 40 年代
面料工艺： 丝绸提花
收　　藏： 笔者收藏
纹样特点： 此旗袍面料以叶为主，以花为辅，通过泥点处理使叶形结构和光影效果得到较好的表现。缎纹为主的小花，黑白相间，与密集几何形地纹一道衬托出叶的灵动。整体上表现出一种浓郁的田园诗意。

传世旗袍面料复原图

三十八、灰地牡丹纹提花长袖旗袍

年　　代： 20世纪40年代
面料工艺： 丝绸提花
收　　藏： 中国丝绸档案馆
纹样特点： 牡丹是国人最为喜爱的花卉之一，有国花之称。它不但象征着高贵典雅，亦有国色天香
之说。此面料虽以牡丹为题材，但在表现方法上却受到日本和式风格的影响。色彩以
墨、灰、黄三色，清雅秀丽，迎合了近代女性对灰色系列色彩的青睐。

传世旗袍面料复原图

三十九、咖啡地雏菊纹提花无袖单旗袍

年　　代：20世纪40年代

面料工艺：丝缎提花

收　　藏：上海市历史博物馆

纹样特点：这幅以雏菊为题材的旗袍面料，借鉴西方光影表现技法、以线面为主的方式，凸显了提花纹织的肌理之美。整体色彩素雅，层次丰富，非常适合旗袍慧中秀外的美学理念。

传世旗袍面料复原图

四十、咖啡地花卉纹提花短袖单旗袍

年　　代：20世纪40年代
面料工艺：丝绸提花
收　　藏：上海市历史博物馆
纹样特点：此旗袍的面料图像以抽象花卉和几何地纹组成，整体受到新艺术运动风格的影响。在设计处理上，主花部分以深地线条和渐变的点构成，细密的地纹、放射状的直线与主花形成较为强力的对比，主次清晰变化有致，显现了设计者对西方现代风格的借鉴。

传世旗袍面料复原图

四十一、深灰地花卉纹提花双襟长袖旗袍

年　　代： 20 世纪 40 年代

面料工艺： 丝绸提花

收　　藏： 中国丝绸档案馆

纹样特点： 从款型和缝制技术上显现了 20 世纪 40 年代的特点。纹样以虞美人花卉为题材，风格以平面化的装饰为特点。在图像的细节处理上，花头部分以两种色彩的块面为主，而叶的部分则用细碎的缎纹处理，灰调的叶和地纹较好地衬托了花头的变化。

传世旗袍面料复原图

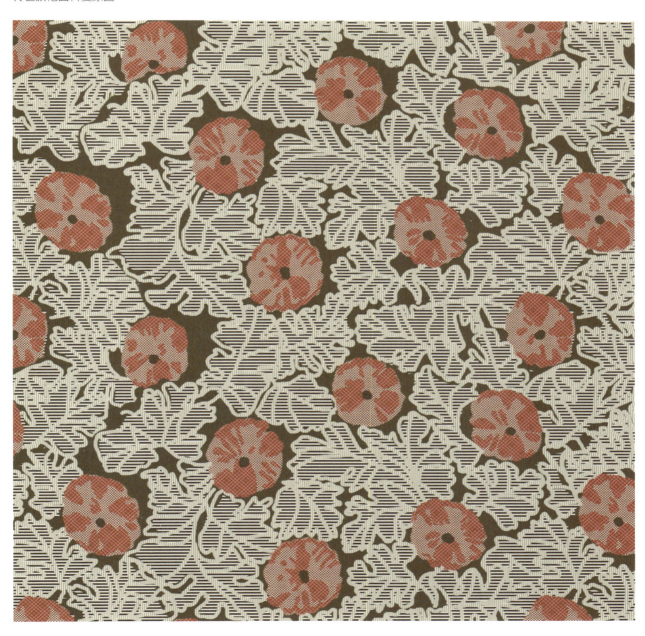

四十二、深蓝色缎地提花长袖旗袍

年　　代：20世纪40年代
面料工艺：丝绸提花
收　　藏：苏州丝绸博物馆
纹样特点：此旗袍面料是近代面料设计中较为突出的作品。其以传统的牡丹为题材，纹样写实而概括，以两种花组织及借用的地纹组织很好地表达了牡丹的结构、层次。橙红的花卉和深蓝的地纹对比有致，蚕丝和人造丝的有机配合，使面料具有很好的丝光效果，是中西设计观念交融的典型产品。

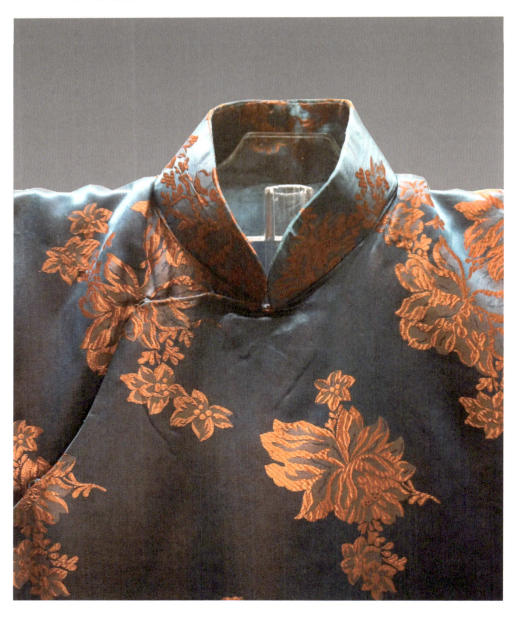

传世旗袍面料复原图

四十三、曙光绉短袖旗袍

年　　代：20世纪40年代
面料工艺：丝绸提花
收　　藏：苏州丝绸博物馆
纹样特点：此面料以玫瑰花为题材配合其他花卉组成，是多个散点的平接纹样。在设计上借鉴西方
　　　　　的光影撇丝法，色彩和笔触较为明快生动。

传世旗袍面料复原图

四十四、水青地菊花纹提花绸长袖棉旗袍

年　　代：20世纪40年代
面料工艺：丝绸提花
收　　藏：笔者收藏
纹样特点：此面料为蚕丝和人造丝交织的提花产品。在图像的设计风格上吸收了日本和式的元素，
　　　　　　整体色彩清晰大方，和谐风雅中又不失细节的精妙处理，体现了东方美学的含蓄之美。

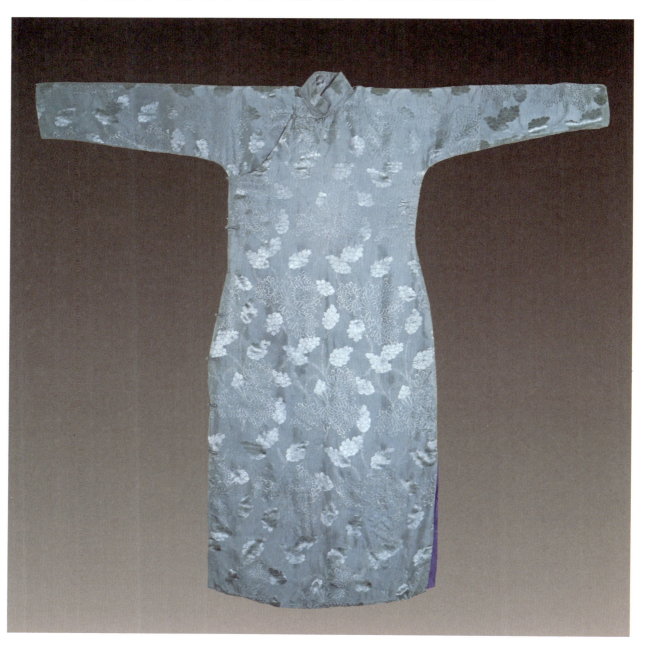

传世旗袍面料复原图

四十五、洋红地菊花纹提花中袖夹旗袍

年　　代：20世纪40年代
面料工艺：丝绸提花
收　　藏：上海市博物馆
纹样特点：这是一幅非常典雅的菊花图像设计。其纹样简约而生动，花头密集的线条与叶的块面形
　　　　　成强烈的视觉对比。特别是地色的洋红艳而不俗，与本白色的花卉交相辉映。

传世旗袍面料复原图

第四章

月份牌中的旗袍面料图像复原

图像是一个与多层面意义连在一起的视觉结构和文化形态。旗袍面料图像是解读近代中国思想观念、大众文化、消费时尚的典型载体。以日常生活和普通民众为主的图像研究，也被一些学者称为「自下而上的历史学」，作为近代女性大众文化代表的旗袍面料图像，不但具有去物质层面的空间性、象征性，同样具有广义时间语境中的叙事性。月份牌上的旗袍面料图像，一般表现为多重叙事者共同构建的复合叙事，其涉及面料的设计者、月份牌画家、旗袍穿着者在面料选择上的观念与表达等。在本章中，提供了月份牌图像与旗袍面料复原图像的比较，希望读者能够通过这种原图像背后隐匿的意识形态、观念行为与女性解放话语释义。被设定在虚拟时尚乌托邦中的「社会情境」，更好解读图像背后隐匿的意识形态、观念行为与女性解放话语释义。

第一节

20世纪30年代月份牌中的旗袍面料图像复原

一、白玉霜香皂广告

作者：杭穉英

年代：20世纪30年代

月份牌中旗袍面料的复原图

二、昌光玻璃公司广告

作者：金梅生

年代：20世纪30年代

月份牌中旗袍面料的复原图

三、弹曼陀林的广告

作者：杭穉英
年代：20世纪30年代

月份牌中旗袍面料的复原图

四、地铃皮鞋广告

作者：杭穉英

年代：20世纪30年代

月份牌中旗袍面料的复原图

五、东亚公司广告

作者：杭穉英

年代：20世纪30年代

月份牌中旗袍面料的复原图

六、冯强厂胶鞋广告

作者：杭穉英
年代：20世纪30年代

月份牌中旗袍面料的复原图

七、奉天太阳公司广告

作者： 杭稺英

年代： 20世纪30年代

月份牌中旗袍面料的复原图

八、哈德门牌广告

作者：倪耕野
年代：20世纪30年代

月份牌中旗袍面料的复原图

九、红锡包牌广告

作者：胡伯翔
年代：20世纪30年代

月份牌中旗袍面料的复原图

十、勒吐精代乳粉广告

作者：胡伯翔
年代：20世纪30年代

月份牌中旗袍面料的复原图

十一、泷定贸易部广告

作者：杭穉英
年代：1936年

月份牌中旗袍面料的复原图

十二、耐革擦鞋油广告

作者：杭穉英
年代：1936年

月份牌中旗袍面料的复原图

十三、启东公司广告

作者：倪耕野
年代：1938年

月份牌中旗袍面料的复原图

十四、制粉会社广告

作者：佚名
年代：20世纪30年代

月份牌中旗袍面料的复原图

十五、山西省立晋华厂广告

作者：杭穉英
年代：20世纪30年代

月份牌中旗袍面料的复原图

十六、双美人牌香粉广告

作者：佚名
年代：20世纪30年代

月份牌中旗袍面料的复原图

十七、香港广生行化妆品广告

作者：杭穉英
年代：1937年

月份牌中旗袍面料的复原图

十八、香港广生行化妆品广告

作者：杭穉英
年代：20世纪30年代

月份牌中旗袍面料的复原图

十九、英商启东股份有限公司广告

作者：胡伯翔
年代：193 年

月份牌中旗袍面料的复原图

二十、正泰橡胶植物厂广告

作者：谢之光
年代：20世纪30年代

月份牌中旗袍面料的复原图

二十一、中国南洋兄弟有限公司广告

作者：杭穉英
年代：20世纪30年代

月份牌中旗袍面料的复原图

二十二、中国南洋兄弟有限公司广告

作者：吴志一
年代：20世纪30年代

月份牌中旗袍面料的复原图

二十三、中国新民公司广告

作者：佚名
年代：20世纪30年代

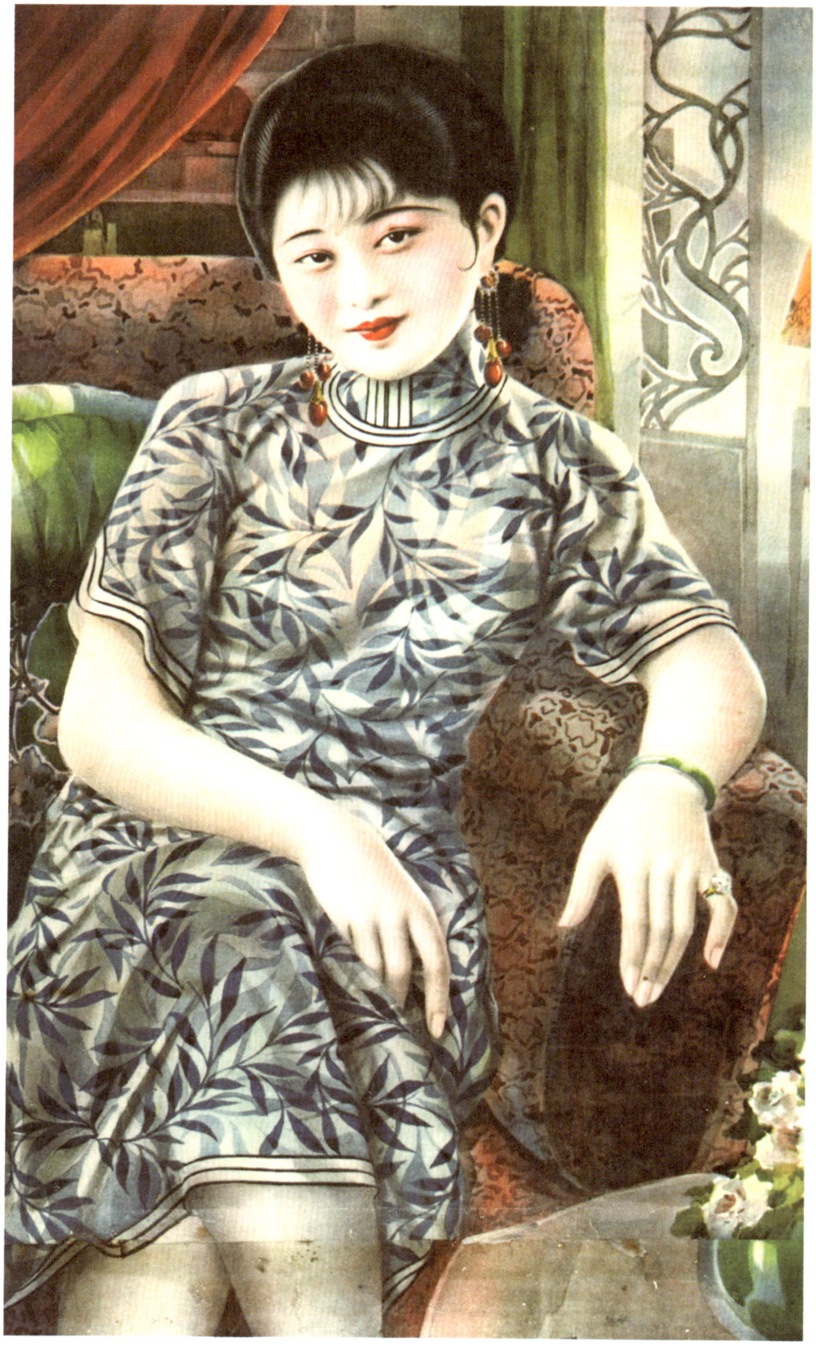

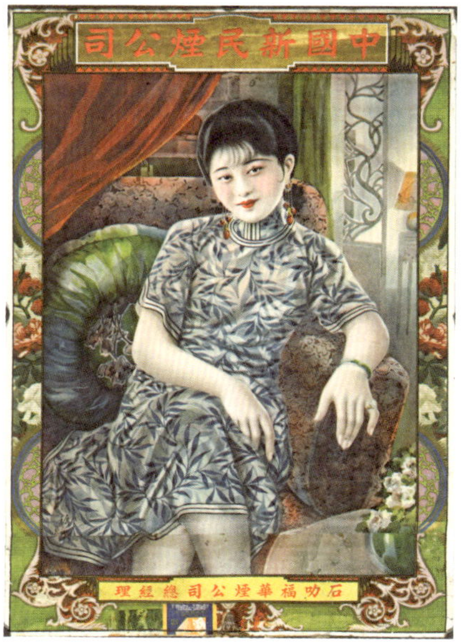

月份牌中旗袍面料的复原图

二十四、冠生园食品有限公司广告

作者：佚名
年代：20世纪30年代

月份牌中旗袍面料的复原图

二十五、丽华公司广告

作者：杭穉英
年代：20世纪30年代

月份牌中旗袍面料的复原图

二十六、哈德门牌广告

作者：杭稺英
年代：20世纪30年代

月份牌中旗袍面料的复原图

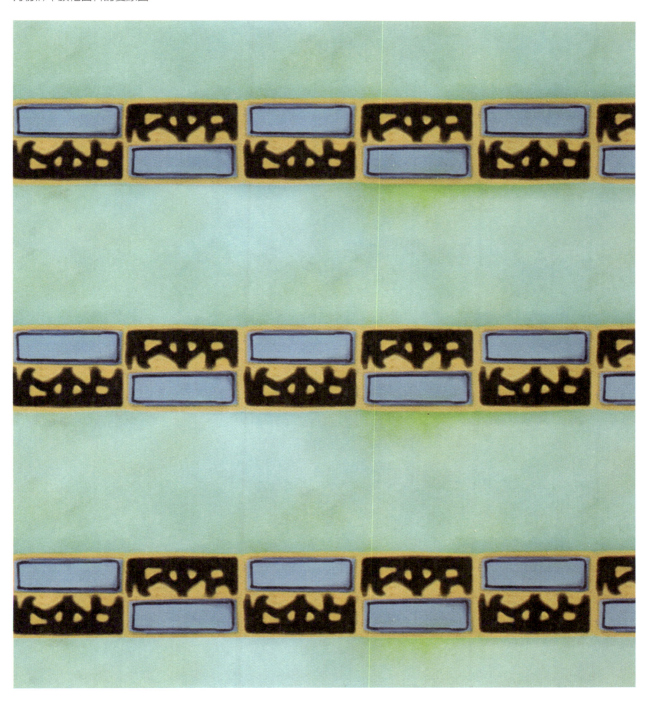

二十七、哈德门牌广告

作者：倪耕野
年代：20世纪30年代

月份牌中旗袍面料的复原图

二十八、启东公司广告

作者：杭穉英

年代：20 世纪 30 年代

月份牌中旗袍面料的复原图

二十九、秋水伊人广告

作者：胡伯翔
年代：1930 年

月份牌中旗袍面料的复原图

三十、人头牌保安刀片广告

作者：杭穉英
年代：1929年

月份牌中旗袍面料的复原图

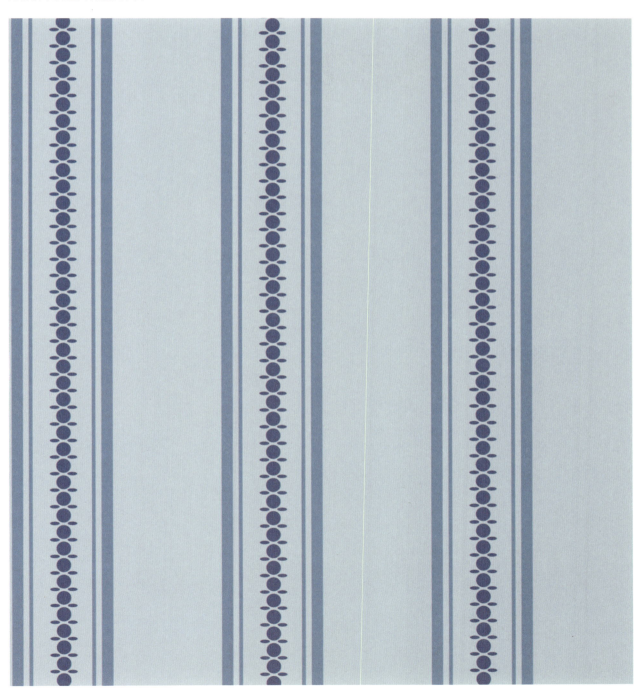

三十一、薛仁贵牌广告

作者：金梅生
年代：20世纪30年代

月份牌中旗袍面料的复原图

三十二、长冈驱蚊剂广告

作者：佚名
年代：20世纪30年代

月份牌中旗袍面料的复原图

三十三、先施公司广告

作者： 杭穉英

年代： 1935年

月份牌中旗袍面料的复原图

三十四、上海合家电器公司明珠牌电池广告

作者：杭穉英
年代：20世纪30年代

月份牌中旗袍面料的复原图

第二节

20世纪40年代的旗袍面料图像复原

一、柏内洋行广告

作者：佚名
年代：20世纪40年代

月份牌中旗袍面料的复原图

二、帆船牌广告

作者：倪耕野
年代：20世纪40年代

月份牌中旗袍面料的复原图

三、奉天太阳公司广告

作者：金梅生

年代：20世纪40年代

月份牌中旗袍面料的复原图

四、抚儿私语图广告

作者：杭稺英

年代：20世纪40年代

月份牌中旗袍面料的复原图之一

月份牌中旗袍面料的复原图之二

五、抚婴图广告

作者：杭穉英
年代：20世纪40年代

月份牌中旗袍面料的复原图之一

月份牌中旗袍面料的复原图之二

六、哈德门牌广告

作者：悦明

年代：20世纪40年代

月份牌中旗袍面料的复原图

七、侯友郊游图广告

作者：杭穉英

年代：20世纪40年代

月份牌中旗袍面料的复原图

八、华成公司广告

作者：佚名
年代：20世纪40年代

月份牌中旗袍面料的复原图

九、金鼠牌广告

作者：杭穉英
年代：20世纪40年代

月份牌中旗袍面料的复原图

十、老刀牌广告

作者：佚名

年代：20世纪40年代

月份牌中旗袍面料的复原图

十一、龙角散广告

作者：佚名
年代：20世纪40年代

月份牌中旗袍面料的复原图

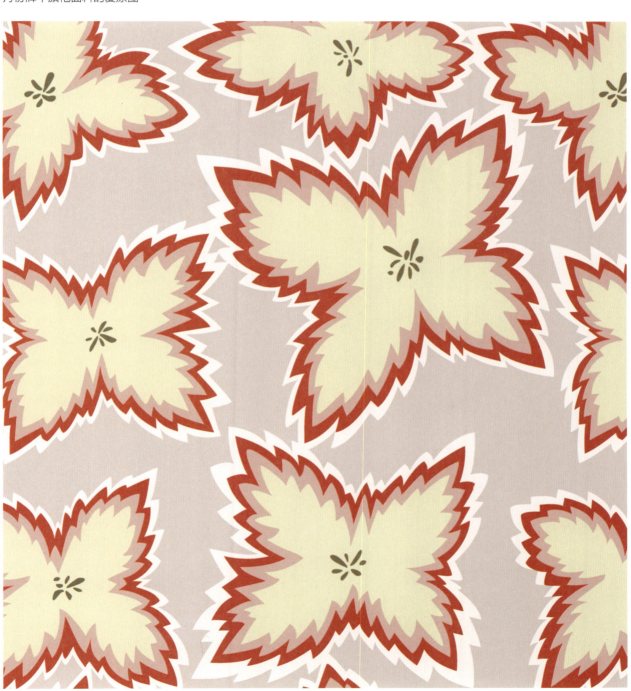

十二、东亚株式会社广告

作者：洗心
年代：20世纪40年代

月份牌中旗袍面料的复原图

十三、东亚株式会社广告

作者：佚名
年代：20世纪40年代

月份牌中旗袍面料的复原图

十四、蒙疆美华乳制品厂广告

作者：志毅
年代：20世纪40年代

月份牌中旗袍面料的复原图

十五、明星香皂广告

作者：佚名
年代：20世纪40年代

月份牌中旗袍面料的复原图

十六、南洋兄弟公司广告

作者：杭穉英
年代：20世纪40年代

月份牌中旗袍面料的复原图

十七、琵琶少女图广告

作者：杭穉英
年代：20世纪40年代

月份牌中旗袍面料的复原图

十八、品酒佳丽图广告

作者：白莺

年代：20世纪40年代

月份牌中旗袍面料的复原图

十九、启东公司广告

作者：倪耕野
年代：20世纪40年代

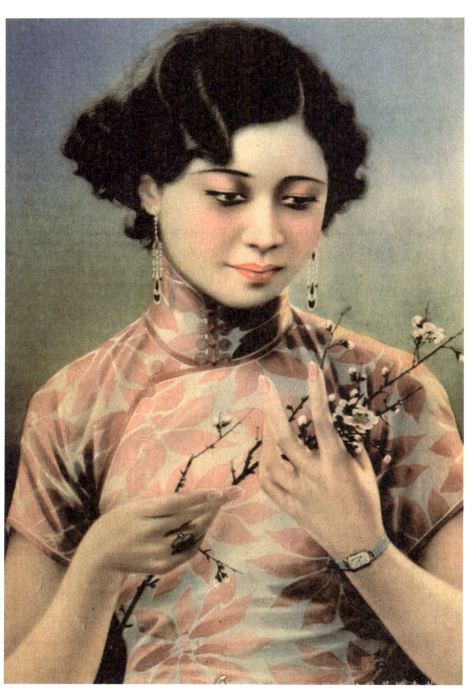

月份牌中旗袍面料的复原图

二十、情绕藤阴图广告

作者：杭穉英

年代：20世纪40年代

月份牌中旗袍面料的复原图

二十一、山茶仕女图广告

作者：金梅生

年代：20世纪40年代

月份牌中旗袍面料的复原图

二十二、上海汇明电筒电池制造厂广告

作者：关礼良
年代：20世纪40年代

月份牌中旗袍面料的复原图

二十三、斜倚翘盼图广告

作者：杭穉英
年代：20世纪40年代

月份牌中旗袍面料的复原图

二十四、幸福家庭图广告

作者：金梅生

年代：20世纪40年代

月份牌中旗袍面料的复原图

二十五、徐盛记广告

作者：金梅生
年代：20世纪40年代

月份牌中旗袍面料的复原图

二十六、益记广告

作者：吴志厂
年代：20世纪40年代

月份牌中旗袍面料的复原图

二十七、永保纯洁广告

作者： 佚名
年代： 20世纪40年代

月份牌中旗袍面料的复原图

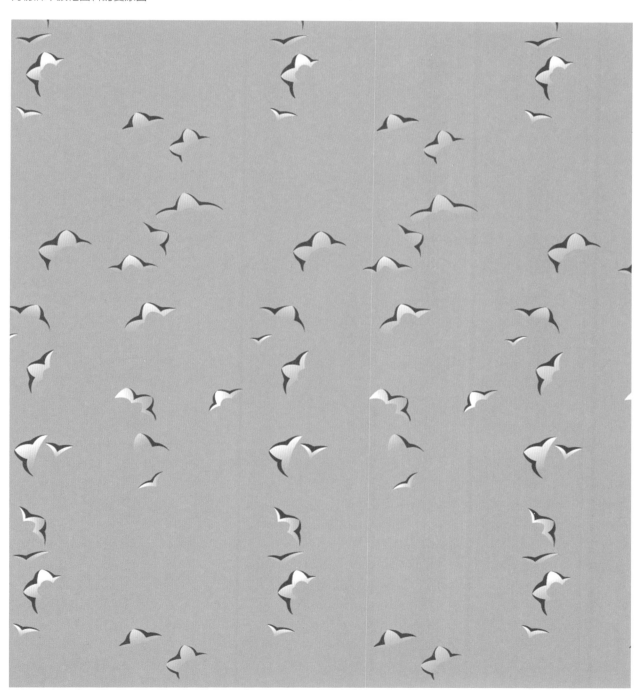

二十八、鱼肝油广告

作者：杭穉英

年代：20世纪40年代

月份牌中旗袍面料的复原图

二十九、整容伴侣膏广告

作者：张碧梧

年代：20世纪40年代

月份牌中旗袍面料的复原图

三十、中国中和公司广告

作者：杭穉英

年代：20世纪40年代

月份牌中旗袍面料的复原图

三十一、哈巴狗美人图广告

作者：杭穉英
年代：20世纪40年代

月份牌中旗袍面料的复原图

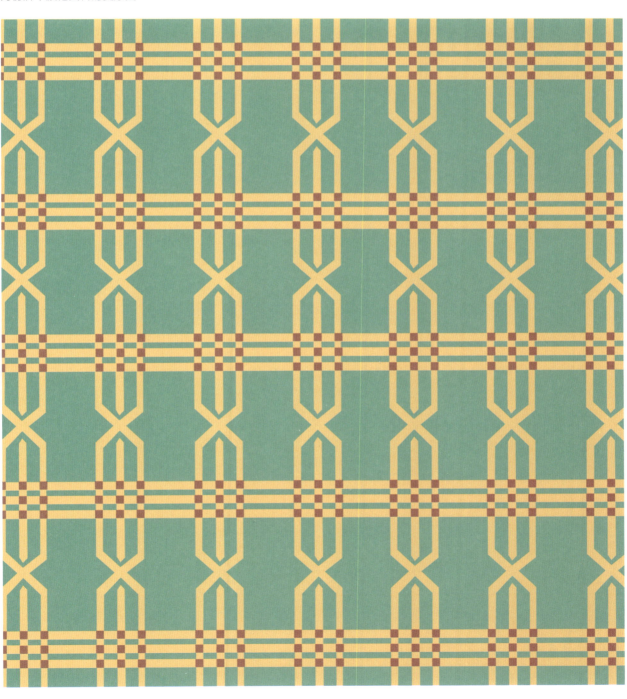

三十二、美女四秀屏广告之一

作者：杭穉英
年代：20世纪40年代

月份牌中旗袍面料的复原图

三十三、蒙疆裕丰恒商行广告

作者：杭穉英
年代：20世纪40年代

月份牌中旗袍面料的复原图

三十四、南洋兄弟公司广告

作者：杭穉英
年代：20世纪40年代

月份牌中旗袍面料的复原图

三十五、日萃香皂广告

作者：佚名
年代：20世纪40年代

日萃香皂广告旗袍面料与杂志旗袍照片的比较，
程静芳女士［《玲珑》，1932（76）：1225］

月份牌中旗袍面料的复原图

三十六、哈德门牌广告

作者： 杭穉英
年代： 20世纪40年代

哈德门香烟广告旗袍面料与杂志旗袍照片的比较，
右下图：沈尔敏女士［《玲珑》，1936（233）：1122］

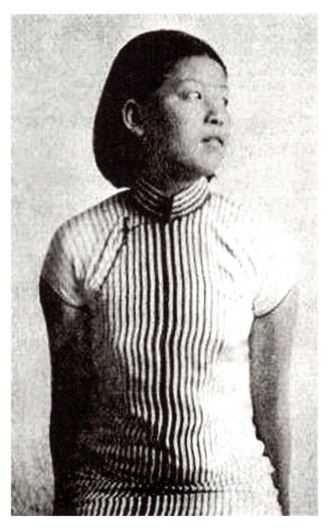

月份牌中旗袍面料的复原图

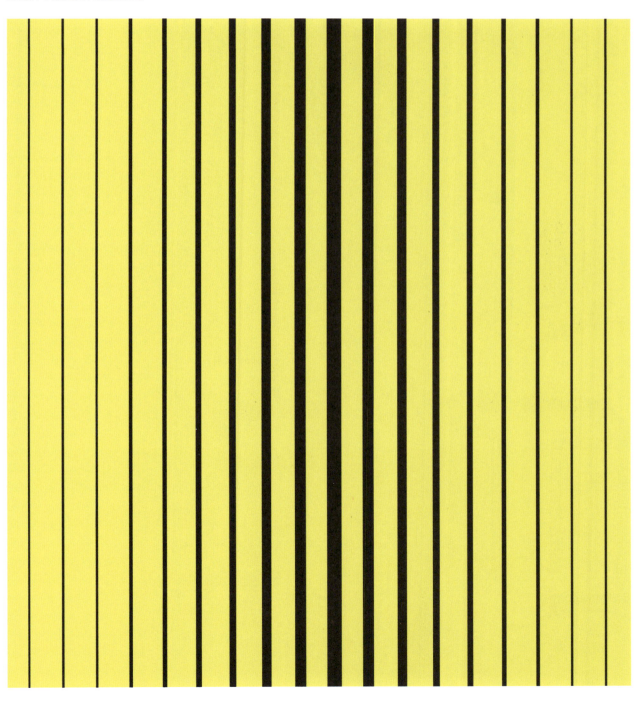

三十七、五洲固本肥皂广告

作者：杭穉英
年代：20世纪40年代

月份牌中旗袍面料的复原图

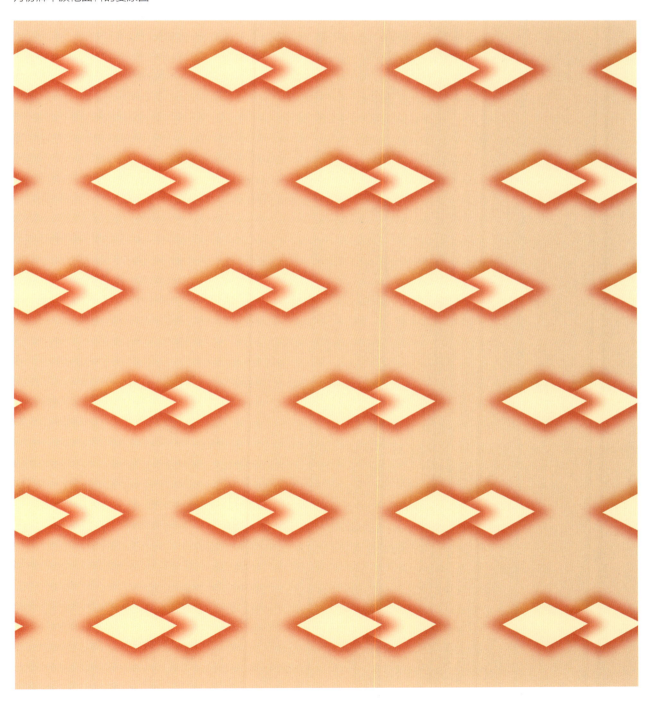

参考文献

［1］王林生. 图像与观者：论约翰·伯格的艺术理论及意义［M］. 北京：中国文联出版社，2015.

［2］胡易容. 图像符号学：传媒景观世界的图式把握［M］. 成都：四川大学出版社，2014.

［3］韩丛耀. 图像：一种后符号学的再发现［M］. 南京：南京大学出版社，2008.

［4］杨念群. 新史学（第一卷）：感觉·图像·叙事［M］. 北京：中华书局，2007.

［5］张燕风. 老月份牌广告画［M］. 台北：汉声杂志社，1995.

［6］澳门临时海岛市政局. 鎏金岁月：省港澳老月份牌画［M］. 澳门：出版者不详，2001.

［7］白云. 中国老旗袍［M］. 北京：光明日报出版社，2006.

［8］张坚. 追梦扬清：月份牌新年画展画集［M］. 常州：刘海粟美术馆，2012.

［9］潘诺夫斯基. 视觉艺术的含义［M］. 傅志强，译. 沈阳：辽宁人民出版社，1987.

［10］范景中，曹意强，等. 美术史与观念史［M］. 南京：南京师范大学出版社，2007.

［11］曹意强，等. 艺术史的视野：图像研究的理论、方法与意义［M］. 杭州：中国美术学院出版社，2007.

［12］王青. 从"图像证史"到"图像即史"：谈中国神话的图像学研究［J］. 江海学刊，2013（1）：173-179.

［13］常宁生. 艺术史的图像学方法及其运用［J］. 世界美术，2004（1）：70-76.

［14］陈庆军. 承志堂的图像：徽州民居建筑装饰研究［D］. 南京：南京师范大学，2012.

后记

大凡一本书付梓前，无"后记"似乎不为圆满。这本书稿的撰写，实非一己之力能为之，很多给予支持、帮助的前辈、师长、朋友需要致谢，也或有很多感慨、郁闷需要表达。故此，笔者亦不可脱俗。

这本书或说这个课题，从2010年开始着手，到教育部人文社会科学基金项目的立项，再到此书稿的基本成稿就历经7个多年头了。几年前我就允诺了很多朋友，包括家人，这本书很快就完成了，然后我会有时间陪伴你们如何如何。但事实是，看似简单的某个问题，稍一追究就变得越来越复杂；一本书阅读下来，又会觉得另外好几本著作必须去拜读；本来已写好的某个章节，在一个新的史料或论据面前你不得不去做重大修改；一个重要文献，你没找到或未经核实，心里总觉不安；一张图片、一张插图不去调整到最满意的程度，总觉得是一个欠缺……学问本来是应该这样做的，但现实总是逼迫、敦促你必须在

特定的时间内做完特定的事情。因而本书中定会存在诸多因笔者学疏才浅而形成的瑕疵和不足，恳望各位专家、学者不吝指教。

做旗袍及面料的研究无法脱离它的载体——旗袍，而目前关于旗袍的起源及发展问题的研究，应该说还处在一个众说纷纭、莫衷一是的状况。记得哈佛大学校长德鲁·福斯特（Drew Faust）提出过广度决定深度的观点，一些看似无足轻重的东西，实质却是最能说明问题的旁证。为此，我不得不按自己的思路，花费大量的时间去做比较宽泛的民国文献检索、阅读、比较和核实工作，并在文中和附录中列出，此举抑或会造成本书在整体体例上存有稍失偏颇的缺憾。旗袍的面料研究涉及材料、工艺、纹样、色彩等诸多方面，历史文献与传世实物、图像的考证是一个方面，而面料的工艺分析、纹样的复制、比较、整理更是一项非常考验耐心和费时、费力的工作，但愿本书中尽己之力而为之的

一些工作，能给后继相关研究者提供少许益处与启示。

在本书的资料收集和写作过程中，得到了众多前辈、朋友的指教、支持和帮助，中国丝绸博物馆、苏州丝绸博物馆、江南大学民间服饰传习馆、江宁织造博物馆、深圳中华旗袍馆、北京服装学院民族服饰博物馆、上海博物馆、中国丝绸档案馆等机构的旗袍藏品，为本书的研究提供了珍贵的传世旗袍资料。特别感谢的是著名收藏家高建中先生为本书提供了珍贵的藏品，南京云锦研究所中国织锦工艺大师、中国高级工艺美术师、中国社科院考古研究所特聘研究员王继胜先生为本书做了大量的旗袍面料、工艺和组织分析工作。我的研究生团队中，薛宁、樊燕、左宏、蒋洁燕、遇宝驹、李秀秀、任鑫、申妍妍、韩小丽、严宜舒、殷悦、张倩怡、王珊珊、潘伟伟、朱宿宁、任颖、陈箐箐等同学，为本书做了部分图片的处理、纹样复原等工作。在本书的撰写中，还参考了很多专家、学者的著作、文献。在此一并表示衷心的感谢！

2012年申报获批的教育部人文社会科学基金项目：多维视域下的近代旗袍及织物艺术研究，为本书成书的重要基础，2016年由中国纺织出版社申报，本书的初稿获批"十三五"国家重点图书。在全书文字、图片、版式基本完成的基础上，2018年暑期通过申报有幸获批了"2019年度国家出版基金资助项目"。感谢在此过程中，中国纺织出版社的领导和诸位编辑给予的鼎力支持，付出了辛勤的劳作。感谢东南大学凌继尧教授在百忙中为本书上篇作序。

最后，还必须内疚地对我的家人表示歉意，书稿的写作牵涉了我很多本该陪伴你们的时间，感谢你们的宽容和理解！

龚建培
2019年冬于金陵宝船听涛